晨讀10分鐘

【小學生・中年級】

驚奇世界！

科學故事集 4

監修——大山光晴
編者——科學故事集編輯委員會
譯者——詹慕如

目次

身體的故事

動物的故事

科學大驚奇

植物和昆蟲的故事

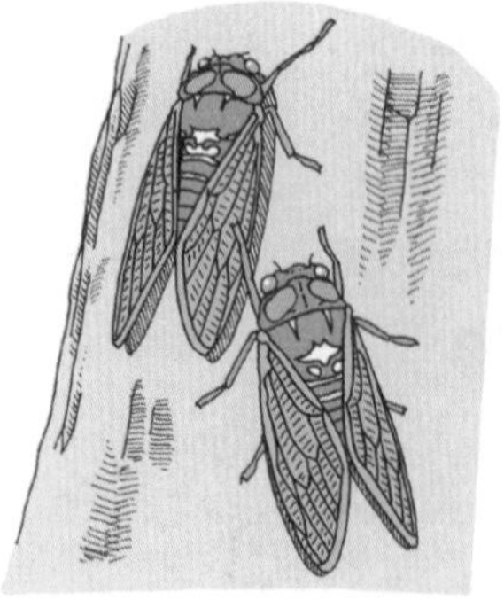

生活中的故事

地球和宇宙的故事

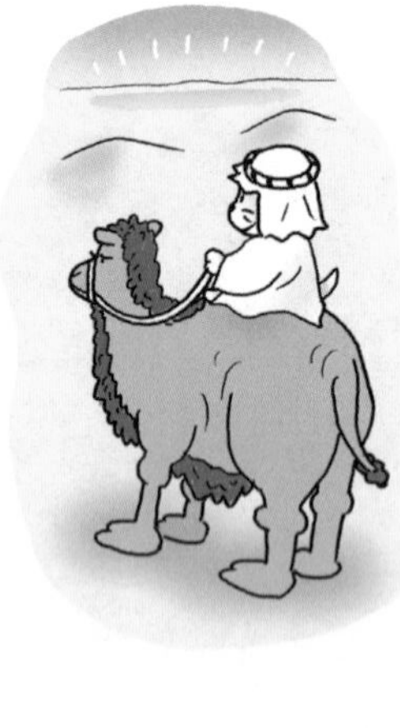

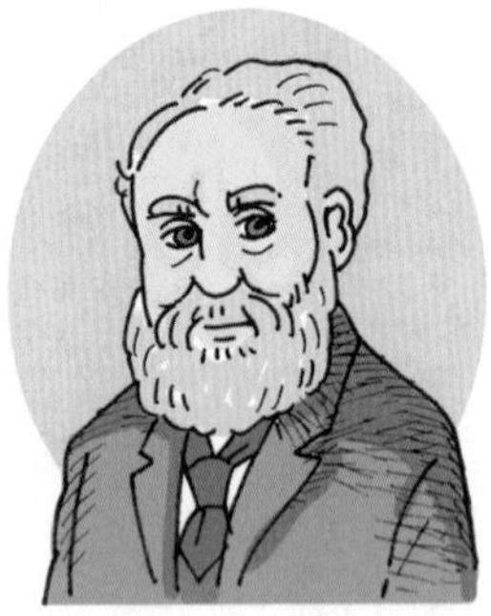

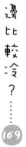

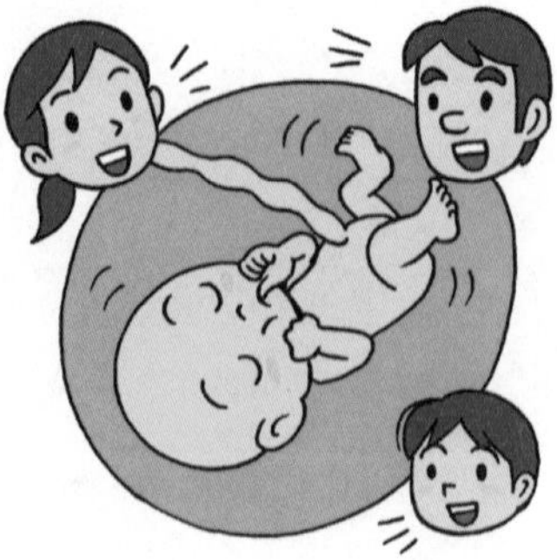

身體的故事

胎兒在媽媽肚子裡做什麼？

媽媽的肚子裡有了小寶寶，肚子會愈來愈大。因為胎兒在媽媽的肚子裡漸漸長大。

胎兒在媽媽肚子裡的樣子，跟出生之後並不一樣。起初，胎兒的形狀就像一個小小的蛋。成長一個月左右，會長出鰓和尾巴，樣子有點像魚。等到三個月後，鰓和尾巴消失，手腳慢慢生長，就有小寶寶的樣子了。

胎兒在媽媽肚子裡是怎麼生活的呢？

胎兒是泡在媽媽的「羊水」裡生活的。胎兒不用嘴巴吃東西，也不用鼻子嘴巴呼吸，而是經由「臍帶」這個跟媽媽連接在一起的管子，得到營養和氧氣。

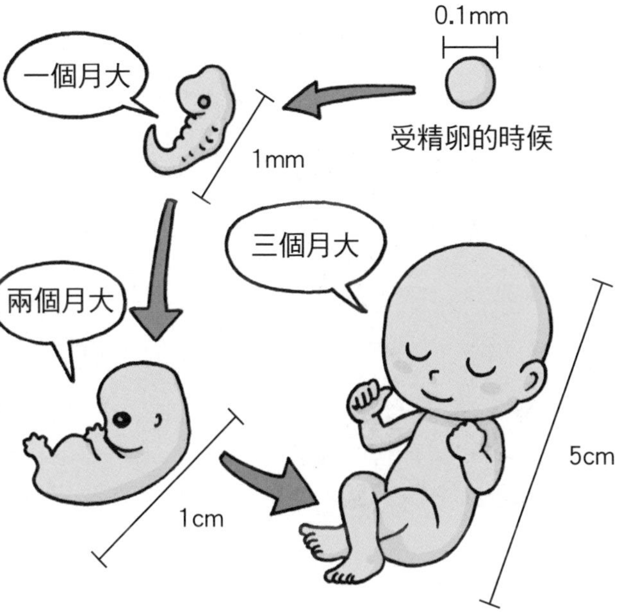

胎兒在媽媽的肚子裡有時睡、有時醒，會有一定的規律。醒著的時候會彎彎腿、伸伸腳，動動身體。說不定還會伸伸懶腰，希望能早點看到外面的世界呢。

胎兒也會吸自己的手指，咕嚕咕嚕的喝羊水，練習怎麼喝奶。雖然在媽媽的肚子裡面，但是胎兒可以聽得到外面的聲音喔，說不定還會記得家人溫柔說話的聲音呢。

經過了很多練習，胎兒也漸漸長大，小寶寶準備出生了。

為什麼肩膀會痠痛？

爸爸或媽媽請你幫忙搥背的時候，發現他們的肩膀好僵硬你會不會很驚訝？即使是小孩子，有時候也會肩膀痠痛。如果我們躺著看書、長時間使用電腦，或是長久持續不自然的姿勢，就會覺得肩膀很不舒服。

肩膀痠痛的主要原因，是來自於肌肉的疲倦和壓力。

長時間維持同樣的姿勢，讓肌肉疲累，或是感覺到有壓力的時候，肌肉裡的「神經」就會變得活躍，造成肌肉緊張。肌肉一緊張，「血管」就會收縮，導致血液循環變差，就無法輸送足夠的「氧氣」給肌肉。

結果，像「乳酸」等等會讓肌肉緊張的物質，就會堆積在身體裡，引發痠痛。所以，身體有倦怠感、肩膀覺得緊繃，就

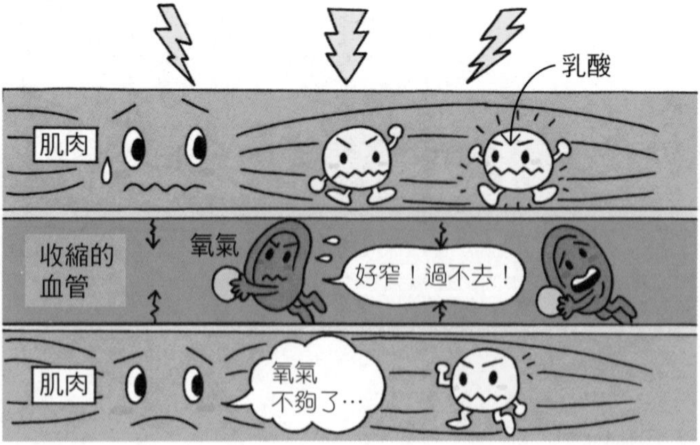

是肌肉釋放出「我累了」的信號。

敲打或者揉捏肩膀會讓血液循環恢復順暢，於是會覺得舒服一點。血液流動時，會把讓人感到疼痛的物質一起帶走，讓肌肉變軟，減緩疼痛。

身體僵硬、肩膀痠痛的時候，做做伸展身體的柔軟體操，或者是泡個熱水澡，都能促進血液循環。

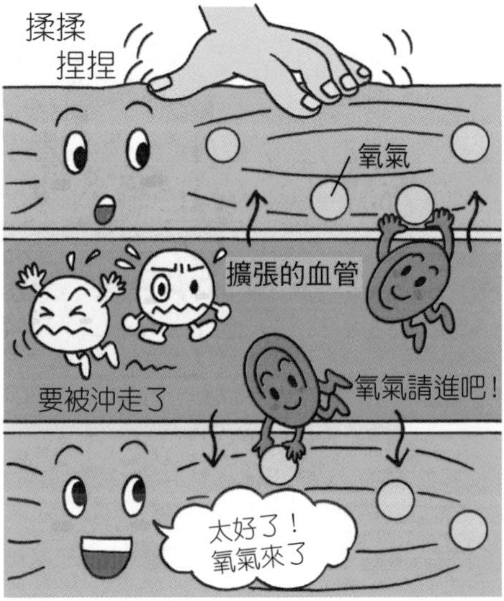
揉揉
捏捏
氧氣
擴張的血管
要被沖走了
氧氣請進吧！
太好了！
氧氣來了

為什麼吃早餐對身體好？

很多人因為沒時間就不吃早餐，這是很可惜的。

吃早餐有哪些好處呢？

第一，吃早餐可以讓頭腦運作得更加活躍。

想要頭腦活化，一定要攝取「葡萄糖」。葡萄糖可以從吃的東西來獲取，特別是米飯、麵包、水果等等。如果沒吃早餐，營養攝取不足，頭腦的運作就會變得遲鈍，注意力也變得不集中。

第二，吃早餐可以提高體溫，讓身體有活力。想要叫醒睡得昏沉沉的身體，吃早餐是很有效的方法。

第三，早餐能夠調整腸胃功能。每天在固定的時間用餐，不只可以溫暖身體和活化大腦，食物也可以順利消化，讓排泄順暢。

第四，吃早餐的人比較不容易發胖。一天只吃兩餐，身體餓了就會發出危險訊號，一直想要儲存更多營養，最後就變成易胖體質。

吃早餐好處多多。為了能精神飽滿的度過新的一天，大家一定要好好吃早餐。沒時間吃太多東西的時候，就算只是喝點優格和蔬菜汁，也會很不一樣喔。

跪坐後為什麼腳會麻？

長時間跪坐，等到要站起來的時候，是不是會覺得腳麻到站不起來？而且雙腳好像刺痛得讓人動不了，得要過一陣子才能恢復？

長時間把腳彎曲，整個身體的重量都壓在腿上，腿部的血液流不動，所以腳會發麻。

我們的腳裡面有很多神經，有負責驅動身體的神經，也有負責傳達「碰觸」或「疼痛」等感覺的神經。

腳的血液循環變差，這些神經就無法正常運作，所以腳麻的時候摸摸腳底，會發現好像腳上穿了一層厚襪子，沒有什麼感覺，這就是

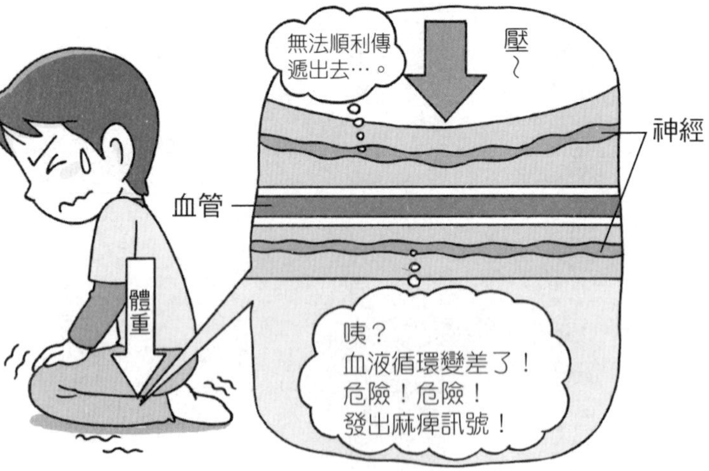
無法順利傳遞出去…。
壓~
神經
血管
體重
咦？
血液循環變差了！
危險！危險！
發出麻痺訊號！

因為負責傳遞感覺的神經變弱的緣故。

而負責移動身體的神經暫時變弱，會讓我們沒有辦法依照自己的想法去移動腳。這個時候，只剩下傳遞「疼痛」感覺的神經還在繼續運作，不斷送出「痛」的訊號，所以腳會覺得刺痛。所以腳麻就是一種告訴我們現在身體異常的危險訊號，警告我們「血液循環很差，神經受到嚴重壓迫」。

腳麻的時候，要盡量促進身體的血液循環。伸伸腳可以讓虛弱的神經漸漸恢復。

嘴巴為什麼會臭？

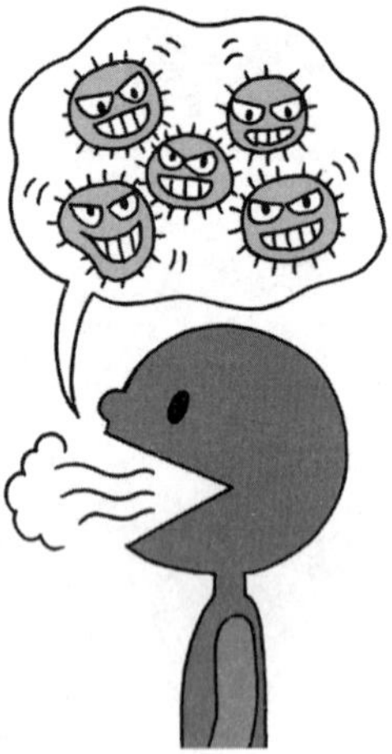

吃完飯以後沒刷牙，堆積在嘴巴或牙齒上的食物殘渣，就成了口中「細菌」的營養，讓細菌大量增加。有些細菌會發出臭味。

晚上睡覺時細菌增長很迅速，這是因為「唾液」分泌的量變少的關係。唾液可以減少口中的細菌數量。由於睡覺的時候唾液的分泌量也會變少，所以早上起床的時候，嘴巴裡有很多細菌，會覺得黏黏的，或者口氣變臭。

曾經有報告指出，早上起床時口中的細菌數量比吃過晚餐時大約多了三十倍。

嘴巴裡的溫度比體溫高，對細菌來說是個很舒適的地

方。只要睡覺之前記得刷牙，就可以減少細菌繁殖。

說到這裡，吃烤肉或煎餃等放很多大蒜的食物，嘴巴也會變臭。即使吃完之後馬上刷牙，口氣還是會帶有大蒜的臭味。這是因為大蒜的味道並不是附著在口中，而是被血液吸收了。

所以即使刷牙讓口腔裡變乾淨，呼出來的氣也還是會有味道，一樣很臭！

為什麼會得流行性感冒？

流行性感冒是因為感染到「病毒」而引起的疾病。經由咳嗽或打噴嚏，可能會再傳染給其他人。

在遙遠海外所產生的病毒，也有可能經由在世界各地的飛機乘客傳遞擴散，很容易就形成世界性的大流行。

流行性感冒的病毒非常小，形狀就像長了尖刺的圓形，一般的顯微鏡是看不見的。流行性感冒病毒主要有A型和B型兩種。雖然曾經受過病毒感染可以免疫，但是因為每年流行的病毒型態都不太一樣，還是要小心預防才行。

不只人類有流行性感冒，鳥和豬也有流行性感冒病毒。如果病毒發生變化，可能會傳染給人類成為危險新型病毒，相當令人擔心。

隨著咳嗽或噴嚏四處飛散的病毒，附著在喉嚨或鼻子裡。如果被病毒入侵，就會讓整個身體出現症狀，比方說發高燒到三十八度以上，覺得頭痛、倦怠等等。小孩子、老年人，或是身體患有其他疾病的人，由於抵抗力較差，身體可能因此衰弱，甚至死亡。

要預防流行感冒，必須確實洗手、漱口，把附著在身體上的病毒清洗掉。此外，預防注射也可以讓人產生抗體，變得比較不容易感染，即使受到感染，症狀也會比較輕微。

為什麼人老了會有皺紋？

不管任何人，年紀大了臉上就會逐漸長出皺紋、白頭髮，骨頭也會變得脆弱。

人的身體是由「細胞」組成的，新細胞會不斷製造，替換舊細胞。不過，人老了就不容易製造出新細胞，細胞更新的數量減少，身體的功能就會變差。

比方說，臉上的皮膚細胞更新的數量減少，能滋潤皮膚的油脂和水分也減少，皮膚就會變得粗糙乾燥。而且皮膚底下的細胞變少、水分變少，皮膚就會鬆弛，產生皺紋。

頭髮看起來是黑色的，是因為頭髮裡有「黑色素」

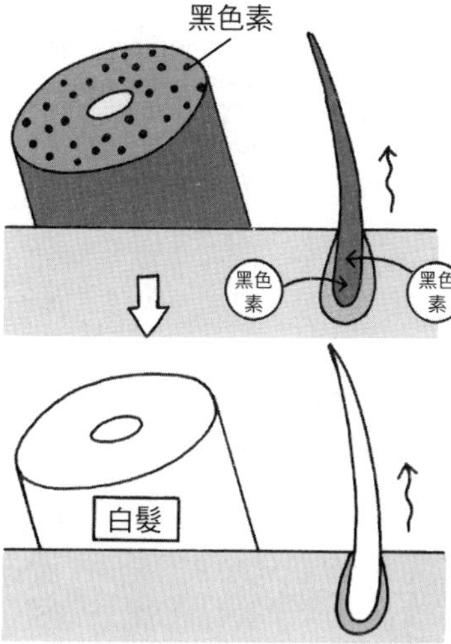

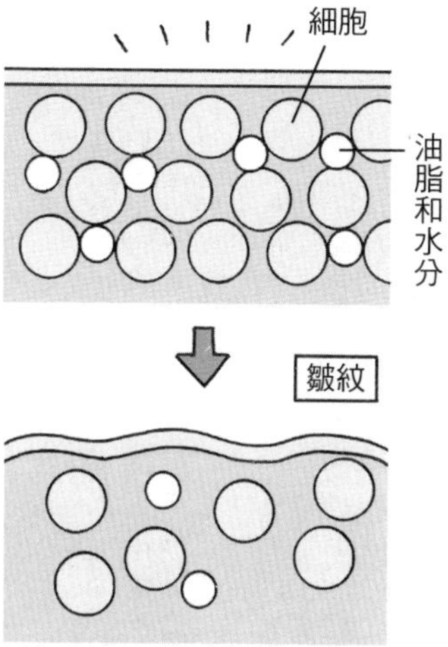

的關係。年紀大了，製造黑色素的細胞也漸漸變弱，頭髮裡的黑色素變少，就會維持白色的狀態繼續慢慢生長，頭髮就變白了。另外，製造骨頭的細胞功能也會因為年紀大而變得遲鈍。不只會造成駝背，骨頭內部也變得疏鬆空洞、脆弱，很容易折斷。

人類壽命的調查顯示，世界上壽命最長的紀錄大約是一百二十歲。長壽的人具有的共通點，就是「飲食均衡，每天運動」。

為什麼跑步的時候肚子會痛？

吃過午飯後，馬上到運動場跑步，好像才在跑道上沒跑多久，就覺得側腹部好痛，再也跑不動了。大家有過這種經驗嗎？

跑步會讓側腹部疼痛的理由可能有幾種：

第一種是「餐後胃腸獲得的血液不足」。吃飯以後，為了促進胃腸運作、幫助消化，會將許多血液送到胃和腸。如果這個時候去跑步，活動的肌肉也需要用到血液，可以送到胃或腸的血液就會變少。胃和腸沒有足夠的血液卻要勉強運作便會出現痙攣，導致側腹部的疼痛。

第二種是「跑步時的振動讓腸裡的氣體堆積在大腸彎曲的地方，引發側腹部的疼痛」。根據最近的研究，

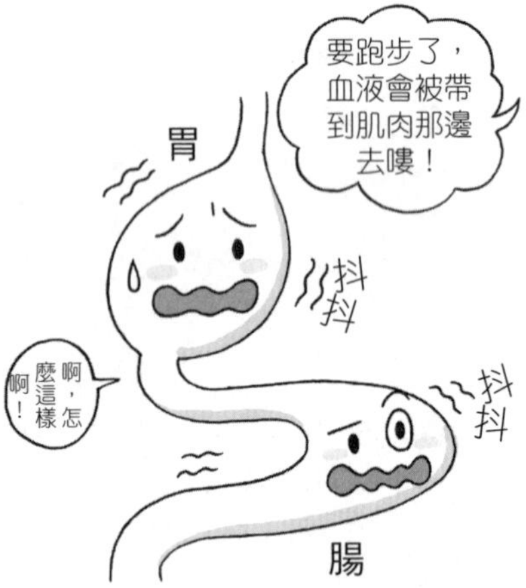

這種說法的可能性最高。

除此之外，還有人認為「平常不運動的人突然開始跑步，會導致橫隔膜痙攣，讓側腹部疼痛」，或者「跑步會讓『脾臟』這個器官突然收縮，造成疼痛」。

無論有多少種理由，這種疼痛多半發生在平常很少跑步，或者突然開始跑步的情況下。所以，盡量避免吃過飯之後馬上跑步，或者在跑步之前先做柔軟體操等等，都可以稍微預防疼痛的發生。

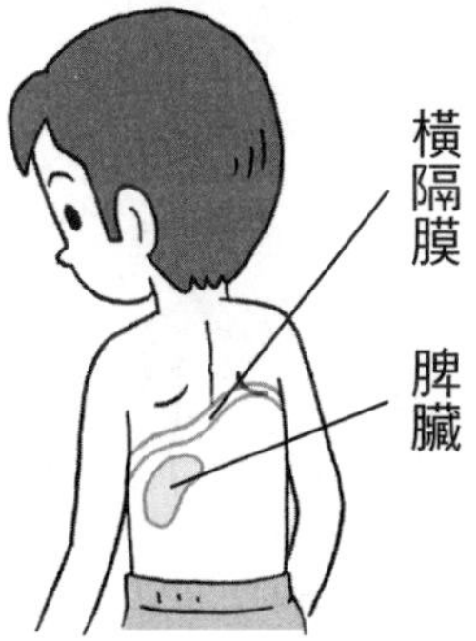

為什麼會長痣？

身體的許多地方都可能長痣。每個人身上的痣都不一樣，所以痣有時候也可以拿來當作辨識人的特徵。歐洲以前曾經流行過把黑點黏在臉上當作「假痣」。

痣的真面目其實是小小的黑色瘀痕，正式的醫學用語稱為「色素痣」。其實剛出生的嬰兒身上幾乎沒有痣，到了三

到四歲左右才會漸漸增加。痣的數量因人而異，據說大人身上大約會有五百個痣。

那麼為什麼人的身上會長痣呢？

痣是由「黑色素」聚集形成的。在皮膚的內側有一種「黑色素細胞」，黑色素就是從這裡製造出來的。

皮膚為了抵抗太陽的「紫

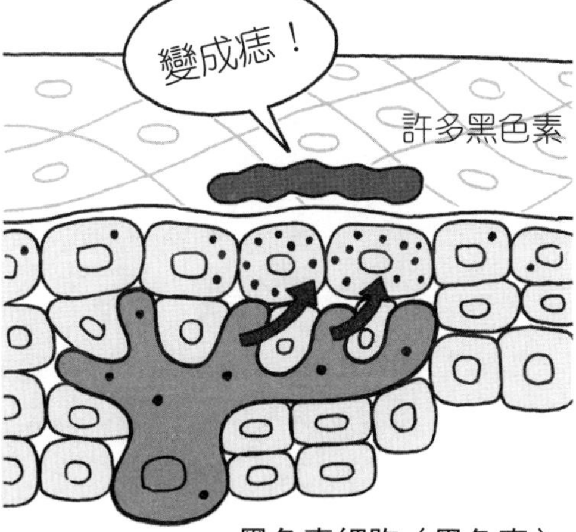

外線」照射，黑色素細胞就會製造出許多黑色素來防禦。所以「日曬」過久會讓皮膚變黑。

如果黑色素細胞製造了過多的黑色素，在皮膚裡聚在一起，顏色明顯變深，就會變成一顆痣。黑色素細胞如果太過活躍，即使在不會直接曬到太陽的地方，也可能會長痣。

除了紫外線以外，有些疾病造成的瘀痕看起來也很像痣。如果身上的痣突然變大或出血，就要趕快找醫生診治。

為什麼會流眼淚？

切洋蔥的時候，或是灰塵跑進眼睛裡，就會流眼淚。心裡覺得難過，或者情感有較大波動時，也會流眼淚。

眼淚是由上眼瞼內側的「淚腺」製造的。眼淚具有保護眼睛的功能。為了不讓眼睛乾燥，淚腺會分泌少量眼淚，保持眼球溼潤。灰塵跑進眼睛裡的時候，淚腺也會製造出大量

眼淚，將灰塵沖出眼睛。

由於洋蔥裡面含有刺激淚腺的物質，所以在切洋蔥的時候會流眼淚。

那麼，人難過的時候為什麼會流眼淚呢？

難過的時候會流眼淚，是因為大腦透過自律神經，對淚腺發出了「流

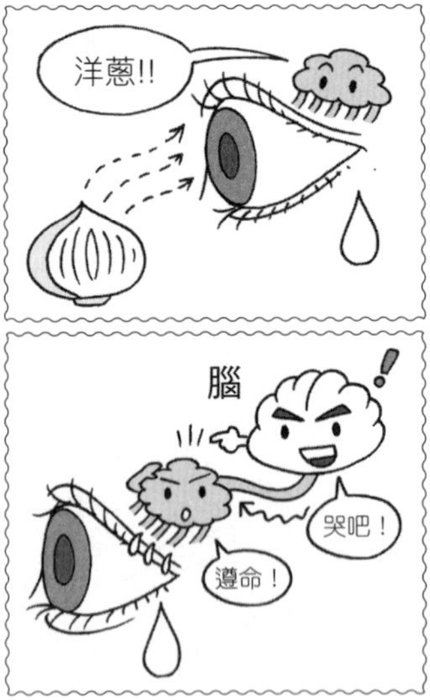

淚腺

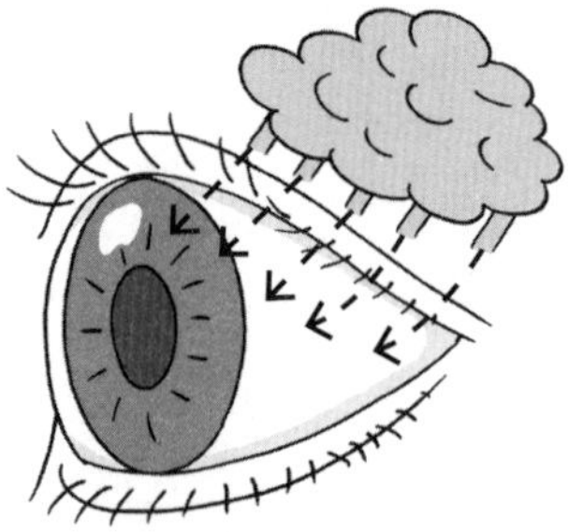

↑平時就會經常分泌少量眼淚

眼淚」的命令。但是至於大腦為什麼要發出這種命令，現在還不清楚。

據說，難過的時候所流的眼淚，和保護眼睛時所流的眼淚，成分不太一樣。

人感受到壓力時所分泌的荷爾蒙，會跟著眼淚一起排出身體。有些學者甚至認為，難過時流眼淚具有讓心情平靜的效果。

科學小實驗

單腳站立的平衡實驗

讓我們來做個實驗，看看單腳站立能持續多久。這個實驗跟一般的單腳站立不太一樣，如果你腳邊有東西，請先收拾整理一下，因為等一下你可能會摔倒。

首先，請用一隻腳站立。怎麼樣？成功了嗎？

接著，請閉上眼睛。現在怎麼樣呢？是不是有點搖搖晃晃的呢？有沒有人跌倒了呢？閉著眼睛單腳站立跟張開眼睛的時候差很多吧。

接下來是另一個實驗。這次可以張開眼睛了。在圖畫紙上，畫上黑色的條紋圖案。請其他人來幫忙，把這張紙拿到距離你二十至二十五公分遠的地方，然後慢慢的左右移動。

以單腳站立看著紙上的圖

案。是不是開始覺得搖晃了呢？

真奇怪。為什麼會這樣呢？

我們能夠筆直的站立，保持平衡的走路、跑步，都是因為有了耳朵、眼睛和大腦。

在耳朵後方有三個像甜甜圈一樣的「三半規管」。三半規管裡面長著細毛，並且充滿了液體。當我們身體傾斜時，液體就會移動，細

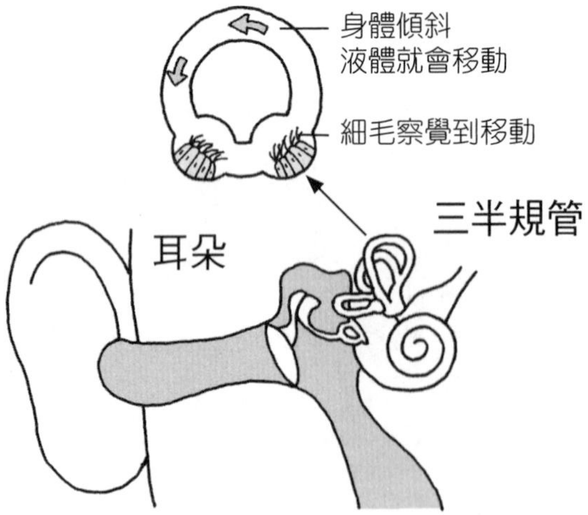
身體傾斜
液體就會移動
細毛察覺到移動
三半規管
耳朵

毛察覺到這些移動後，就會馬上將訊息傳給大腦。這麼一來，即使身體快要失去平衡，也可以在瞬間重新站穩。

眼睛也會幫助我們保持平衡。當身體傾斜時，眼前的景色看起來也會傾斜，大腦接收到訊息以後，就會傳送指令，讓身體能夠重新取得平衡。

到底是不是歪的呢？
景色看起來是歪斜的。
身體歪了。

閉上雙眼單腳站立時，無法從眼睛獲得平衡的訊息。雖然耳朵還在發揮功用，但是少了眼睛的幫忙，人就會失去平衡，開始搖搖晃晃，甚至跌倒。

看條紋圖案的例子裡，人是反而被眼睛的訊息混淆了。眼睛追著條紋圖案的移動，並且將訊息傳給腦。結果腦誤會以為是地面在移動，企圖移動身體來調整平衡，卻反而破壞了平衡感。

動物的故事

為什麼壁虎的尾巴斷了還可以活？

有些生物遭遇危險逃跑的方式非常奇特，比方像臭鼬會放出臭氣，而墨魚會釋放出墨汁去遮蔽敵人的視線。

壁虎在遇到敵人的時候，要是尾巴被抓住，牠們會切斷自己的尾巴逃跑。

切斷的尾巴，還是會不斷扭動，當敵人因為尾巴而分心

時，壁虎就可以趁機逃走。

大部分的壁虎都能夠切斷尾巴。但是跟壁虎同屬爬蟲類的變色龍，因為需要尾巴捲在樹上才能生活，所以牠們的尾巴無法切斷。

壁虎的尾巴會切斷的地方是固定的。在切口周圍的肌肉會收縮，可以避免失血，同時也會長出新尾巴。只要是從這個地方切斷，尾巴就能再長出來。不過，切斷尾巴時骨頭也得同時丟掉，所以要判斷壁虎有沒有斷過尾巴，只要看牠的尾巴有沒有骨頭就知道了。

如果尾巴從別的部位斷掉，就長不出尾巴。

長出新尾巴會對壁虎的身體帶來很大的負擔，所以如果營養不足或是精神不好，就長不出新尾巴。

有些壁虎將營養儲存在尾巴，切斷尾巴之後牠們的營養狀態就會變差，變得很虛弱。只要尾巴曾經斷過一次，壁虎的身體平衡就會改變，可能會因此無法靈活行動，反而容易被敵人抓到。另外在同伴之間的地位高低排行，也可能因此下降。

所以，斷尾逃生對壁虎來說，可是非同小可的大事呢。

貓一洗臉就會下雨，是真的嗎？

貓用前腳摩擦臉和耳朵，叫做「洗臉」，自古相傳，當貓做出這個動作時，就表示要下雨了。

難道說，貓有預測天氣的能力嗎？

下雨之前，空氣中的溼度會變高。空氣中的溼氣，會讓貓的鬍鬚稍微變長。貓可能是發現自己鬍鬚變長，所以會做出類似洗臉的動作。

因此，貓一洗臉「就會下雨」這種說法，也可以說並沒有錯，只不過貓並不是因為知道要下雨，才做出這種動作的。

況且，貓洗臉的動作即使不是在下雨之前，也會出現。這是因為貓要讓鬍鬚經常保持乾淨的緣故。

貓的鬍鬚稱為「觸鬚」，具有天線般的功能。貓可以感覺到鬍鬚前端碰觸到的東西，察覺自己跟物體之間的距離，或者知道能不能通過縫隙。因為有了鬍鬚，即使在一片漆黑的夜晚，也不會撞到東西，能夠敏捷的追捕老鼠。

另外，在鬍鬚的根部，聚集了許多神經。所以如果剪斷鬍鬚，貓會覺得很痛，而且這也會損壞牠們的天線，讓牠們無法靈活運動，變得既膽怯又遲鈍。

駱駝背上為什麼會有駝峰？

在沙漠裡旅行時，駱駝被當作搬運人或重物的工具。背上有著大駝峰是駱駝的特徵。駝峰具有什麼功用呢？

沙漠裡放眼望去到處都是沙，沒有遮蔽的陰涼處也沒有水，是一片相當貧瘠的土地。在旅行時，人往往無法輕易獲得食物或水分。但是駱駝必要時可以一個多星期不吃不喝。

祕密就藏在駝峰裡面。

駝峰裡大約會儲存五十公克的「脂肪」，保持駱駝身體活動的能量。這樣即使在難以獲取食物的沙漠裡，也能靠著這些脂肪來補充營養，所以不吃東西也可以保持精力。換句話說，就像是隨身攜帶便當一樣。

不過，如果一直沒有進食，等到脂肪消耗完，駝峰就會

消下去，變得扁扁的。

另外，駱駝的全身都可以儲存水分。天氣熱的時候如果不喝水，身體裡儲存的水分用完了，駱駝也會慢慢變瘦。所以只要一到水邊，駱駝就會一口氣喝下大約六十公升的水存起來。（人類沒有辦法突然喝下這麼大量的水。）而且為了避免水分發散到身體外面，駱駝幾乎不會流汗，排尿量也非常少，糞便很乾燥。

除此之外，駱駝還有更多適合沙漠旅行的絕招。

駱駝為了防止沙塵跑進眼耳鼻口，不只長著長長的眼睫毛，耳朵也覆蓋著長毛，鼻孔還能夠自由開閉。

駱駝的腳底很寬，有厚厚的肉墊。因為有這樣的腳，駱駝才能穩穩的走在沙地上，不會陷入沙裡。

擁有這樣的身體，讓駱駝得以被稱為「沙漠之舟」，是人類在沙漠中旅行時不可或缺的重要夥伴。

順帶一提，駱駝走路時，同一邊的前腳和後腳會同時往前踏出，背上駝峰也會劇烈的搖晃，坐起來並不舒服。

魚要怎麼睡覺？

不管任何動物，不睡覺都無法活下去。魚也會睡覺，但是大部分的魚都沒有眼瞼，所以很難看出魚是不是在睡覺。

那麼，魚是怎麼睡覺的呢？

家裡有養金魚或熱帶魚的人，請仔細觀察看看。

魚有時候會在水槽下面的岩石陰影和水草之間，安靜的

一動也不動。這時候就是魚在睡覺了。

不過，不同的魚，睡覺的時間也不同。有些魚在白天睡覺，有些魚在晚上睡覺，也有不停打瞌睡的魚。

有些隆頭魚，到了晚上會鑽到海底的沙子裡睡覺。星鰻則是白天在海底睡覺，

到了晚上才開始活動。

鸚哥魚和裂唇魚，到了晚上就會躲在岩石縫裡，從自己的嘴巴和魚鰓排出黏液，做成一個透明的袋子，包住身體睡覺。

小丑魚的身體表面包覆著一層特別的黏液，能夠保護自己，所以可以在有毒的

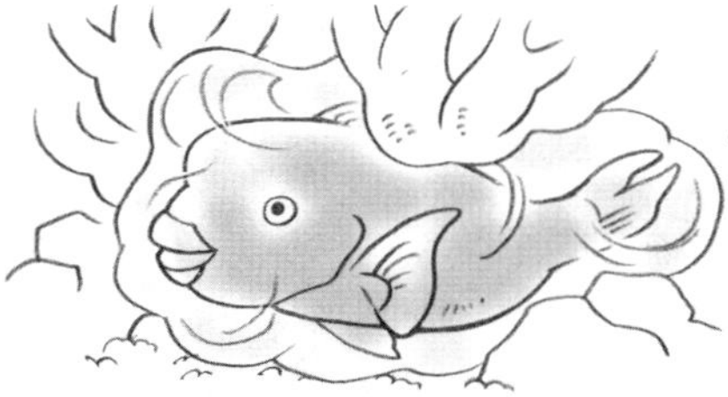

小鼻鸚哥魚

隆頭魚

小丑魚

鰹魚

海葵裡睡覺。

鰹魚和鮪魚這些魚不游泳就無法呼吸，通常會一邊游泳一邊睡覺。當牠們睡著的時候，游泳的速度也會變慢。

魚睡覺的方法，真是千奇百怪。

除了魚之外，海豚是生活在水裡的哺乳類。據說海豚睡覺時會讓右腦和左腦輪流休息，這麼一來就可以二十四小時不斷游泳，還可以浮出水面換氣。

動物會不會蛀牙？

你每天吃完飯後，有沒有好好刷牙？大家會不會覺得刷牙很麻煩呢？如果不好好刷牙的話，會蛀牙喔。

說到這裡，野生動物即使不刷牙，通常也不會蛀牙。這是為什麼呢？

答案就是動物沒有吃含有砂糖的食物。蛀牙是因為甜甜的糖分長時間殘留在口中，被細菌分解轉換為酸性物質，侵蝕牙齒上的「琺瑯質」。

野生動物也會吃甜的東西。但是並不像我們吃的甜點，直接添加砂糖，即使不刷牙，也不會蛀牙。

相反的，如果動物也吃了加大量砂糖的食物，一樣會蛀牙。動物園裡的動物，或者是家中飼養的狗和貓，只要吃到添加砂糖的甜食，也可能會蛀牙。

那麼，野生動物絕對不會蛀牙嗎？不是的，只是野生動物蛀牙的原因多半不是食物。

比方說，牠們在追趕獵物的時候因為太用力而折斷牙齒，或者不小心咬到小石頭，造成牙齒受傷破損。另外，

上了年紀的動物，因為牙齒使用久了，也會磨損、變得脆弱而蛀牙。

對野生動物來說，蛀牙是攸關性命的問題。因為沒有牙齒牠們就無法狩獵，不能好好咬東西，也沒辦法獲取營養，會導致身體衰弱、死亡。

袋鼠身上為什麼有袋子？

說到袋鼠，大家腦中馬上就會浮現出袋鼠寶寶可愛的臉，從袋鼠媽媽肚子上的袋子稍微探出頭來的樣子吧。只有母袋鼠的肚子上才有袋子，袋子的功能是要照顧小袋鼠。小袋鼠長大以前，都會在媽媽的袋子裡生活。

許多哺乳類都是先在母親肚子裡成長，等到長大像爸爸

媽媽的樣子以後，才會出生。但是，袋鼠的寶寶出生的時候，身高只有兩公分、體重只有零點九公克，小到幾乎可以放在湯匙上。

剛出生的袋鼠寶寶身上的毛還沒長出來，眼睛也還沒打開。但是牠們靠著自己的力量爬上媽媽的身體，鑽進袋子裡。袋鼠媽媽為了讓袋鼠寶寶容易爬，也會把出生口通往袋子的毛舔得溼溼的，替牠們做出一條通道。

袋子裡有四個乳房，袋鼠寶寶會含著乳頭開始吸奶，就這樣在媽媽溫暖安全的袋子裡度過大約八個月，直到體重達

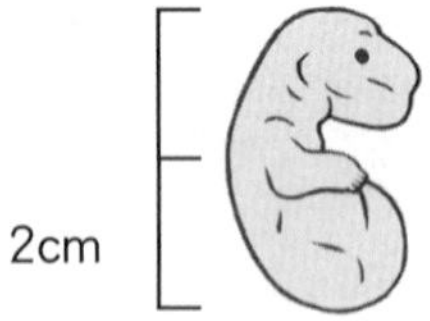

到四至五公斤為止。

袋鼠肚子上的袋子原本是乳頭周圍的皺紋。寶寶吸奶的時候會踩著這些皺摺，避免自己往下掉。據說後來袋鼠肚子上的皺摺逐漸發達，終於變成了很深的袋子。

像這種在媽媽肚子上長有育兒袋的動物，稱為「有袋

類」動物。袋鼠居住的澳洲，有很多有袋類動物。像蜜袋鼯和塔司馬尼亞袋獾等都是有袋類動物。

大家熟悉的無尾熊，在無尾熊媽媽肚子上也有袋子。無尾熊的袋子入口朝下，方向剛好跟袋鼠相反。但是無尾熊寶寶會把袋子裡的乳頭含到喉嚨深處，而且袋子周圍的肌肉也會封住入口，所以不必擔心會掉到外面去。

海豚有多聰明？

據說海豚是非常聰明的動物。大家有沒有在水族館看過海豚表演呢？牠們的高超技巧真是讓人驚訝呢。

海豚為什麼頭腦會這麼好呢？

瓶鼻海豚或虎鯨、巨頭鯨等在水族館常見的鯨目動物，據說學習技藝的速度比黑猩猩快十倍。由此可知牠們學習的

能力相當發達。

另外，海豚也記得動物管理員的長相。換句話說，牠們的記憶力很好，有判斷人類形體的能力。

海豚從嘴巴和頭頂呼吸用的洞孔排出空氣，製造出一圈氣泡，然後在這圈氣泡中玩耍。只要有一頭海豚這麼做，其他海豚也會模仿。

有些海豚會故意向動物管理員潑水惡作劇。這類玩耍或惡作劇的行

為，只有具備高度智力的動物才有。

另外海豚還懂得幾個單字，以及計算的數字。

雖然腦的大小並不一定等於聰明程度，但是以海豚身體大小的比例來說，牠們腦部的大小僅次於人類，是第二大的生物。而且海豚的大腦皺摺數量竟然比人類還多，構造也很複雜。不過皺摺的數量多寡也不見得等

於智力的高低。

同樣被認為「很聰明」的黑猩猩，在行動之前會去思考該怎麼做才好，是一種具備「智慧」的動物。比方說，如果食物放在籠子外伸手拿不到的地方，牠們會用籠子裡的棒子把食物拉近，證明牠們能夠思考後才行動。但是目前對海豚的研究還不像黑猩猩這麼深入，所以還不清楚海豚究竟是不是具有同樣的智慧。

科學大驚奇

恐龍身上有羽毛？

蛋殼破了，探出一張被羽毛覆蓋著的臉。這是哪一種鳥的幼鳥呢？

仔細看，巨大的恐龍踩著嚇人的腳步聲出現了，牠們是這顆蛋的爸爸媽媽。

原來剛出生的小寶寶不是小鳥，而是即將長大成為全長十三公尺的肉食性恐龍——暴龍。

小寶寶一個一個陸續從蛋殼鑽出來。爸爸媽媽溫柔的在一旁守護這些好想快點一起嬉鬧、遊玩的暴龍兄弟們。

最近的研究中發現，小暴龍的身上，長著像鳥一樣的羽毛。

據說當暴龍身體還小的時候，羽毛可以保護牠們不受寒；成長茁壯後的暴龍不再害怕寒冷，所以羽毛就逐漸脫落，變成光溜溜的皮膚。

恐龍生存時代的氣候，比現在還要溫暖。但是在緯度高的地方，到了冬天氣溫就會降低，還有些地方會積雪。住在這些地方的暴龍，或許到了長大之後身體還是覆蓋著羽毛吧。

除了暴龍以外，還發現不少其他殘留有羽毛的恐龍化石。除了保護身體不受寒之外，羽毛還有很多其他的用途呢。

鸚鵡龍的腰或尾巴上，有很細長

的羽毛。公的鸚鵡龍在互相爭地盤時，為了表現自己的強大，也為了吸引母鸚鵡龍的注意，都會搖動自己的羽毛。

鸚鵡龍

竊蛋龍會把蛋放在羽毛下保暖。日照較強的時候，還可以把長有羽毛的前腳拿來遮陽，保護蛋和孩子們。

顧氏小盜龍是一種擁有宛如鳥類般巨大翅膀的恐龍。牠們的翅膀除了生長

竊蛋龍

在手上，也長在腳上。而且跟鳥一樣長有「飛羽」這種特殊的羽毛，可以在飛行時調整空氣的氣流。顧氏小盜龍張開長有飛羽的手腳時，可以像滑翔翼一樣在空中飛翔。

據說恐龍是在大約六千五百五十萬年前滅絕的。有人說這是因為有巨大的隕石掉落在地球上，不過確實的原因還充滿了謎團。總之，原本獨步世界的恐龍，突然消失得無影無蹤。

如果說現在還有恐龍，大家一定很驚訝吧。

顧氏小盜龍

現今存活的鳥類大約有一萬種，其實就是活到現在的恐龍。

有人說鳥類的祖先是距今一億五千多萬年前，住在樹上的小恐龍。鳥類能興盛繁衍到現在，可能就是因為身上擁有祖先恐龍傳下來的羽毛吧。

明天早上起床打開窗子，或許可以看到現在的恐龍生氣勃勃的樣子，並且聽到牠們悅耳的鳴叫聲。

植物和昆蟲的故事

向日葵會朝向太陽開花嗎？

向日葵的盛開花期在七月到八月之間，沐浴在強烈的日照下，是夏天代表性的花種。可能是因為花朵的形狀讓人聯想到太陽，很多國家都稱呼它為「太陽花」。

向日葵的意思是「朝向日光方向而開的花」。也就是說，向日葵開花的方向會朝向太陽。真的是這樣嗎？

大家有沒有觀察過向日葵田裡的花？開花的方向都一樣嗎？

仔細看的話，你會發現，向日葵並不一定「只朝向太陽」開花。當太陽從北往南照射的時候，除了沒有向北開花的向日葵，不管是朝

東開、朝西開，或朝南開的花都有。

不過，向日葵確實有一段生長時期會隨著太陽移動，就是新的莖或者花苞開始成形的時候。

早上，莖的前端會朝向東邊，中午會朝向南邊，到了傍晚則朝向西邊。這是因為向日葵的莖部有一種怕光的生長素，

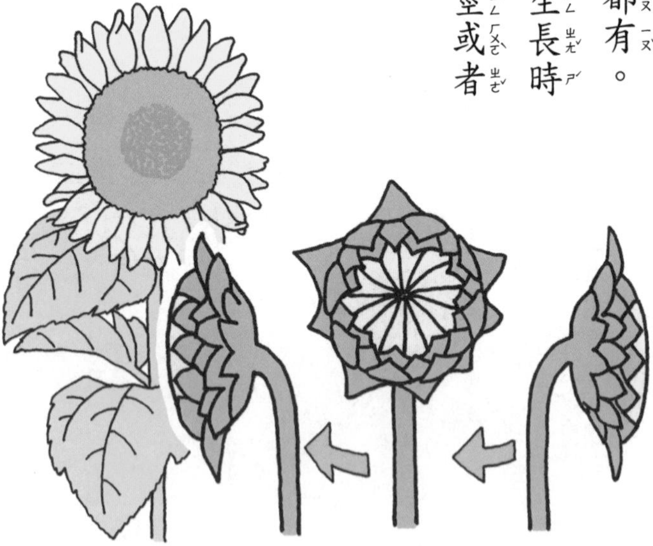

因此，受到太陽光照射的那一面，比照不到光線的那一面生長得更慢，所以莖會往有太陽光照的那一邊彎曲。

像向日葵一樣，會在生長期彎向太陽光照射的方向，或是莖幹隨著太陽移動的花有很多。

大家會認為向日葵「朝向太陽開花」，可能是因為它的形狀很像太陽，花看起來比較大，所以特別醒目的關係吧。

其實，我們看到的向日葵「花」，並不只有一朵花，而是由五百到一千朵花所形成的。每一朵小花裡都有一顆種子，種子數量非常多。

真的有能吃的花嗎？

我們常吃的「蔬菜」，其實包括了植物的許多部位。比方說，番茄、黃瓜、青椒等蔬菜，我們吃它們的「果實」，所以這種蔬菜又稱為「果菜」。我們吃高麗菜和萵苣的「葉子」，所以這些是「葉菜」。同樣的，白蘿蔔和紅蘿蔔是「根菜」，而蘆筍或筍子是「莖菜」，這些蔬菜吃的部

位都不同。

既然說到了果實、葉子、根、莖，大家一定也會想，那花能不能吃呢？當然，植物裡也有「花菜」這種「能吃的花」。

或許有人覺得「我才沒吃過花呢」，但其實能吃的花並不稀奇喔。

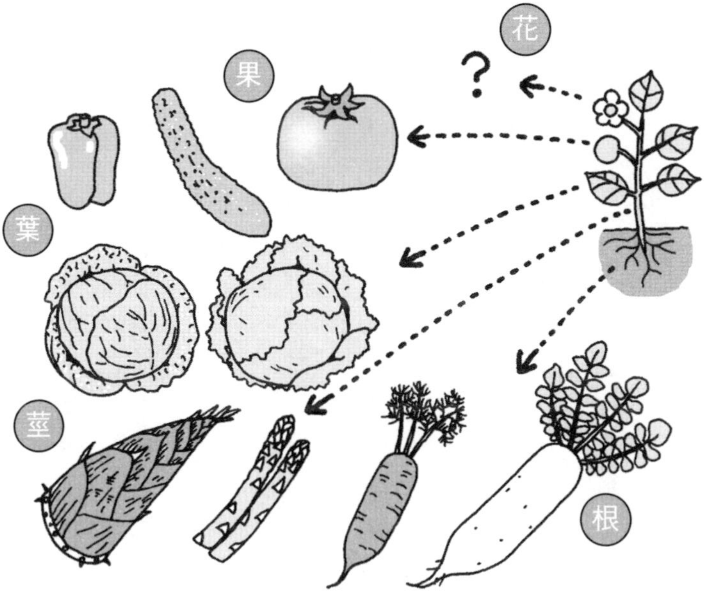

比方說白花菜和青花菜，這些菜又被稱為「花菜」或「綠花椰菜」，跟油菜花一樣，都是屬於十字花科。我們吃清燙油菜花的時候，就是吃開花前的「花苞」。

有很多花雖然不屬於蔬菜，但是花瓣也可以吃，這些稱為「食用花」，放在沙拉裡顏色很漂亮，吃起來賞心悅目。像許多菊花的花瓣，就是可以食用的。

↓青花菜的花苞

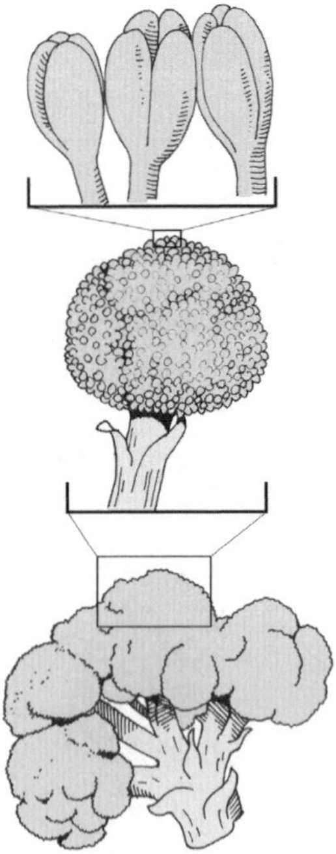

為什麼含羞草被碰到會低頭？

植物有在動嗎？看起來並沒有在動，但其實不管是開花或者是長出藤蔓，植物都會悄悄移動。只是移動的時間很長，也移動得非常緩慢，就算仔細看，也很難察覺出來。

不過，有些植物的動作很容易觀察。像「含羞草」，只要手指頭碰到，含羞草的葉子就會低頭鞠躬。

含羞草在日本的別名叫做「愛睡草」，因為它們一到晚上葉子就會合起來。要是白天下雨或是多雲的天氣，或是被東西碰觸到，含羞草的葉子也會像低頭鞠躬一樣合起來。（含羞草在台灣也有許多別名：見笑草、怕癢花、知羞草……。）

含羞草跟動物不一樣，不是利用肌肉做出動作。植物沒有肌肉，而是利用葉子裡的水分。

每當有東西碰到含羞草的葉子，葉細胞裡的水分，就會一下子跑出來。原本充滿水的部位突然沒水，支撐葉子的力量也變小了，就會像鞠躬一樣彎下腰去。

等過了二十分鐘左右，水分慢慢的回到細胞裡，葉子就會再次打開。

植物無法像動物一樣調節體溫。所以晚上氣溫變低或者是下雨的日子，就會合上葉子，縮起身體，盡量減少散熱。可是，為什麼葉子會因為被碰觸等刺激而合起來，原因現在還不清楚。

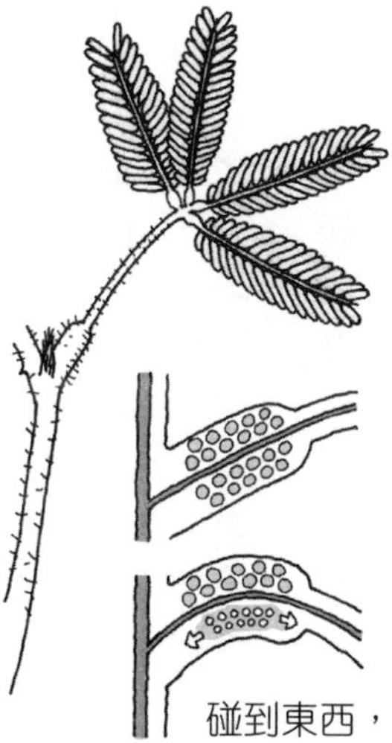

碰到東西，水分就會跑出來

野生動物的糞便會消失？

到動物園去的時候，你曾經剛好看到動物在大便嗎？

身體龐大的草食性動物吃下很多飼料，也會排出大量的糞便。動物並沒有廁所，如果飼育員不打掃，馬上就會有一大堆糞便。在非洲、東南亞的草原，也住著很多大型野生動物。這些地方沒有飼育員，可是草原上並沒有到處是糞便。

其實是一種叫做糞蟲的金龜子科昆蟲，幫大家清理了這些糞便。假設現在象群排出了大約二十公升的糞便，糞蟲馬上就會察覺到糞的味道。哪怕是在很遠的地方也會馬上飛過來。短短十五分鐘，就會有好幾千隻糞蟲聚集在象糞旁邊，一頭鑽進去。

大概過了三十分鐘左右，隆起的糞堆就會變得像地毯一樣扁平。因為糞蟲們會在糞堆裡面激烈的搶奪，爭食糞便。

有些糞蟲不會當場吃掉糞便，牠們會往糞便下方或者旁邊的地下挖隧道，做成糞球存起來，以後再慢慢吃。這些糞球也是糞蟲養育孩子的食物，牠們會把卵產在糞球裡。

還有一種糞蟲名叫糞金龜，會把糞球運到很遠的地方。昆蟲學家法布爾所研究的就是這一類糞蟲。糞金龜會滾動糞球，搬運到其他糞蟲不容易找到的地方，再慢

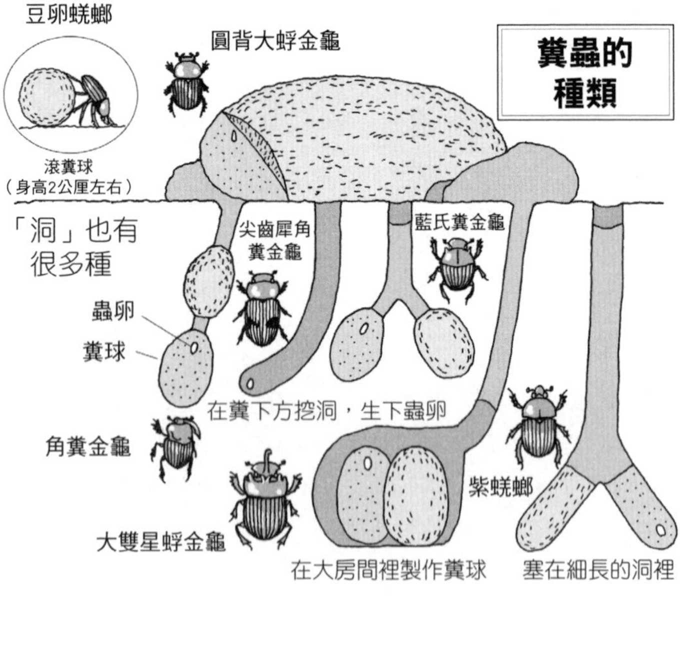

慢食用、產卵。

大家是不是覺得這種昆蟲很奇怪呢？如果沒有糞蟲，會變成什麼樣子呢？沒有糞蟲的話地面上將會堆滿糞便，也長不出植物。同時也會繁殖出很多病原體。

糞蟲排出的糞會被細菌分解，或者被蚯蚓吃掉，成為土壤。因為有糞蟲幫忙處理糞便，土壤中才會有空氣和營養，也才能讓其他生物健康成長。

植物製造出食物，動物吃掉植物，糞蟲則利用剩下的渣滓。地球上的生物，就是這樣密不可分的生活在一起。

蟬為什麼總是叫個不停？

嘰……嘰……吱……吱……沙……沙……到了夏天，有時候一大早就會被蟬的叫聲吵醒。

會叫的蟬是雄蟬。雄蟬為了呼喚雌蟬而發出叫聲，每一種蟬都有自己特殊的叫聲。不過，仔細聽的話，會發現相同種類當中叫聲也不太一樣。

比較短的叫聲，是在呼叫附近的其他雄蟬。以爺蟬為例，原本「嘰哩嘰哩嘰哩」的叫聲會變成「嘰、嘰、嘰、嘰」。

這種叫聲是為了防止別的雄蟬接近自己看中的雌蟬，是一種「干擾叫聲」。

蟬有時候會用很快的速度鳴叫。這是當雌蟬接近，雄蟬想要示好的叫聲——「邀約叫聲」。雄蟬會一邊叫一邊慢慢從後面接近雌蟬，先用前腳輕觸雌蟬的翅膀。如果雌蟬沒有

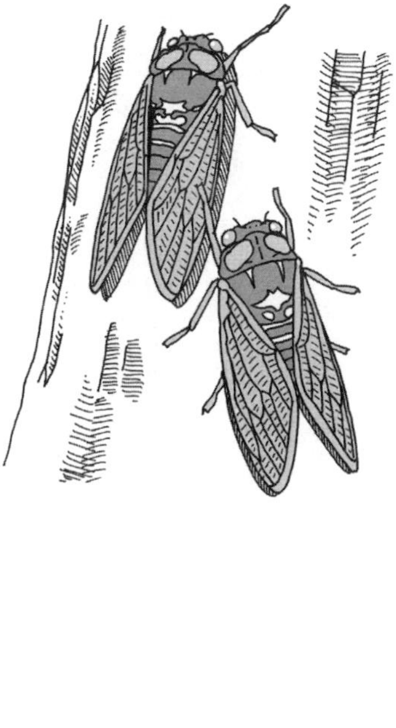

馬上飛走，而且停住等待雄蟬靠近，就表示喜歡這隻雄蟬。

蟬一輩子幾乎都住在地底下。蟬把卵產在樹上，但是孵出來的幼蟲會爬回土裡，吸食樹根的汁液度過好幾年。爺蟬大約會住到第七年的夏天才變成成蟲，鑽出地面。成熟的爺蟬大約只有短短兩星期的壽命。雄蟬和雌蟬在地下無法見面，爬出地面的目的就是為了交配留下子孫。

原本很煩人的蟬聲，現在聽起來是不是感覺不同了呢？

為什麼蝴蝶的嘴巴是圓的？

大家都知道蝴蝶的食物是水和花蜜吧。花蜜通常是從雌蕊的根部分泌出來，所以蝴蝶會將長長的嘴伸進花朵的深處吸取花蜜。

紫茉莉、杜鵑、百合……每一種花的深度都不一樣。蝴蝶因為有長嘴巴，所以可以吸取位在深處的花蜜。有的天蛾

嘴巴比蝴蝶更長。

可是這麼長的嘴巴要是一直伸著會很麻煩，所以平常會捲起來。

有咀嚼式口器的昆蟲大顎很發達。在大顎的內側裡還有小顎，蝴蝶的嘴巴就是小顎變化之後變長的。兩個長長的小顎併起來，形成了長嘴巴。

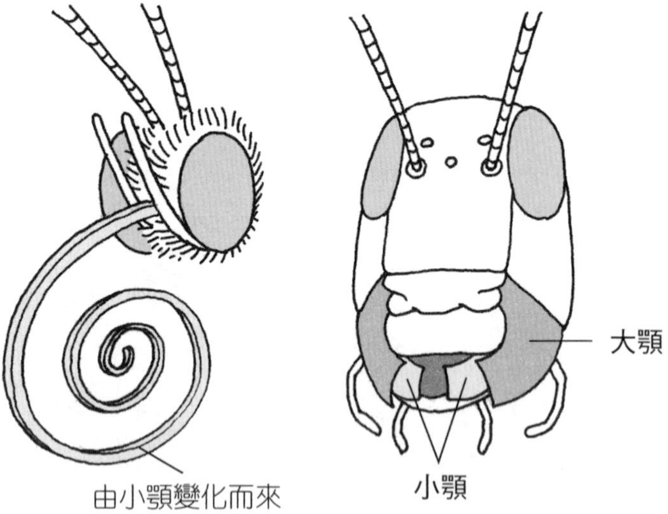

蝴蝶吸食蜜汁的樣子，或許有人會聯想到用吸管喝東西的樣子，其實還是有點不一樣。昆蟲呼吸時不用嘴巴，而是利用肚子上的「氣門」。所以不能像呼吸一樣吸水或蜜。

水分沿著長長的小顎合併在一起形成的細小空隙往上爬，這種現象稱為「毛細現象」，跟布會吸水的現象是一樣的。另外，蝴蝶的頭部有類似滴管般的吸水構造。我們捏住滴管上方的橡膠部分，手放開後水會被吸上來，這和蝴蝶吸蜜的方式是一樣的。

即使只看嘴巴，也能知道昆蟲的身體跟人類很不一樣。

有沒有會教養子女的昆蟲？

雞會孵蛋，也會照顧剛孵出來的小雞，但是青蛙或大部分的魚類生下卵後就不管了。大部分的昆蟲也是一樣，不過有一些昆蟲會養育自己的後代。

比方說球蠼螋。雌球蠼螋會先在地面上建造一個淺淺的房間，在房間裡產下數十顆卵。產卵後雌球蠼螋並不會離開，而且會不吃不喝，用心照顧蟲卵。如果氣溫下降，牠們就覆在蟲卵上保溫，天氣熱就散開蟲卵，避免悶熱。

等到十天到二十天後，幼蟲孵化，母親還會繼續保護牠們好幾天，直到死去。

萬一有螞蟻入侵，牠們就會為了保護幼蟲而戰。母親死後幼蟲會吃掉母親的屍體，才離巢自立。

也有些昆蟲只照顧蟲卵。比方說生活在地裡的日本突負蝽，雌蟲會把卵產在雄蟲的背上，由雄蟲背著蟲卵，保護牠們直到幼蟲孵化。

同樣住在水中的田鼈，也會由雄蟲來保護蟲卵。田鼈的雌蟲產下蟲卵後，還會想要破壞其他雌蟲產下的卵。雄蟲會拚命跟前來破壞蟲卵的雌蟲奮戰。

為了留下子孫，昆蟲採取了各種不同的方法。

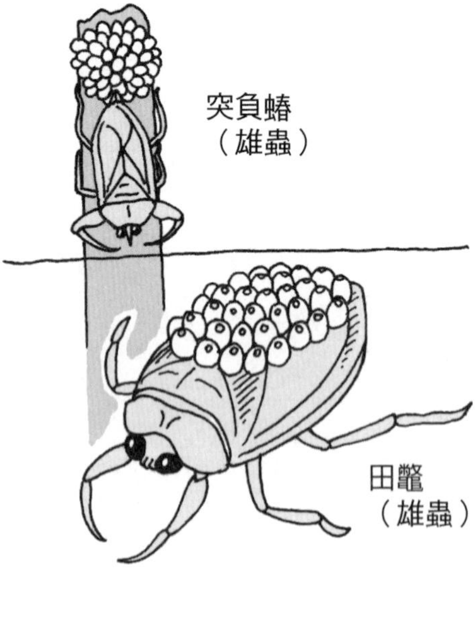

科學小傳記

最會寫昆蟲故事的

法布爾

（一八二三年～一九一五年）

「亨利，爸爸已經無法再養活你們了。很抱歉，今後請你們自立更生吧。」

亨利・法布爾生長在法國南方的貧窮人家，因為爸爸工作失敗，十四歲的時候不得不跟父母和弟弟分開，一個人來到大都市。

「明天開始要怎麼過呢……。」

法布爾一邊咬著麵包一邊發抖。就在這時候，有一隻「朋友」停在他的膝蓋上。這個朋友跟金龜子同類，頭上有著羽毛般的觸角，是名叫「吹粉金龜」的昆蟲。

法布爾從小就很喜歡蟲，整天追著蟲跑，即使生活貧困也不覺得辛苦。寂寞的生活中因為有了昆蟲，他的心漸漸溫暖了起來。

「好，加油吧！得快點找到工作才行。」

他在市場賣過檸檬，也去搬過土塊……不管任何工作，他都馬上去做，揮汗努力工作。

有一天，他看到一張公告。

『專為想當老師的人開設的學校。只要通過考試，所有學費完全免費。』

他下定了決心開始不眠不休的念書，十六歲的時候，終於以第一名的成績通過了考試。

「太好了！這樣我就有辦法維生了。」

十九歲從學校畢業後，法布爾在小學教數學，同時也進修物理和化學。二十六歲的時候，他到科西卡島上當中學物理老師。科西卡是地中海上一座自然環境很豐富的小島。

「這裡有好多從沒見過的昆蟲呢！」

最讓法布爾沉迷的昆蟲就是蠍子。只要一到假日，法布爾就會像小時候一樣拿著放大鏡鑽進草叢，拚命追著蠍子，觀察蠍子有劇毒的尾巴。

「那個人不管刮風下雨都會到外面去。」

大家都覺得法布爾很奇怪。

有一天，一位名叫摩根・坦頓的博物學家來到島上進行植物的研究。坦頓遇見了法布爾，看到他蒐集了那麼多昆蟲標本，以及對昆蟲的熱心觀察，感到非常驚訝。

「你的觀察力實在是太了不起了！你一定要將自己喜歡的事

當作一生的工作才對。」

在坦頓的鼓勵下，法布爾一邊繼續教書，一邊開始認真研究昆蟲。這時他年約三十歲。

「呃……這種叫節腹泥蜂的蜜蜂，會刺死象鼻蟲，然後搬回巢裡當作幼蟲的食物……這些象鼻蟲雖然死了，但看起來還真新鮮呢。」

當時大家認為，蜜蜂的針會分泌出防止死去象鼻蟲腐敗的物質。但是法布爾懷疑這種說法，他實際調查了節腹泥蜂的巢好幾次，也親眼觀察被搬進巢中的象鼻蟲。

他把象鼻蟲抓到蜜蜂巢前，觀察蜜蜂用針刺的樣子，還試著在被搬到蜜蜂巢裡的象鼻蟲身上通電……這時候他發現應該已經死掉的象鼻蟲，竟然對電產生反應，動了動身體。

「原來象鼻蟲還活著，並沒有死啊。」

蜜蜂用針刺進象鼻蟲的神經，讓牠們的身體無法動彈。

「象鼻蟲是活著被搬到巢裡。所以才不會腐爛啊。太厲害了！原來蟲有這種能力啊。」

法布爾靠著仔細觀察，發現了從來沒有昆蟲學者注意到的新事實。

「昆蟲這些了不起的能力，一定要讓大家更了解。我想讓更多人都知道生物多有趣……。」

於是，法布爾把一些無法上學的女性或小孩聚集在一起，幫大家上課。

「大家看，糞金龜一看到動物的糞便，就會用肚子把糞便推成結實的圓球，從後面推著走。哎呀！遇到坡道了。牠們還能順利推嗎？大家仔細觀察看看吧。」

法布爾讓大家去觀看、觸摸、學習，吸引了愈來愈多的學生。但是有些大學教授反對法布爾的教學。

「這個人根本不是學

者，怎麼能擅自教大家奇怪的東西呢。」

「那個人是危險人物！」

國中老師和鄰居也開始冷眼看待法布爾。他終於辭去了工作，也無法繼續待在家裡。

「儘管如此……我還是不會放棄觀察的！」

法布爾搬到一個小鄉村，繼續專心的觀察昆蟲。在炎熱的夏天午後，他追趕蒼蠅直到自己疲累不堪，就算外面下起大風雨，他也會忍著眼睛的疼痛偷看蜜蜂的巢。法布爾的桌上永遠都有很多蜜蜂的巢或者昆蟲的幼蟲。他還曾經因為中暑而弄壞了身體。

但是他依然沒有放棄觀察。除了觀察，還是觀察——有一天，他腦中浮現出一個想法。

「對了，我來寫一本關於昆蟲的書，讓孩子們也能高興的學習有趣的昆蟲吧！」

他想要寫的是讓少年少女閱讀的有趣科學書，而不是只有學

者了解的艱深論文。這一年他四十八歲，他想要用一生的力量去努力。

法布爾用手寫出一篇篇好看又有趣的文章。每一篇都相當生動，跟以往的科學書非常不同。比方說法布爾提到螳螂飛起來的畫面，他是這麼描寫的：

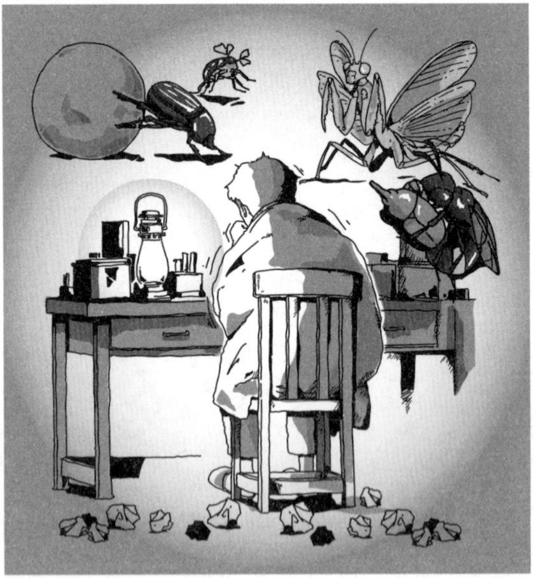

『螳螂的前翅展開後，龐大的後翅也跟著張開，這巨大寬廣的翅膀，就好像在背後張起一座巨大的帳棚一樣。』

他也會對昆蟲說話：

『你在裝死嗎？不會吧。你應該是昏倒了吧。』

法布爾心無旁鶩的不斷書寫。他曾經患了肺炎，嚴重到徘徊在生死邊緣，可是仍然沒有放下他的筆。

「我尊敬昆蟲，也熱愛著牠們！」

可能是對昆蟲的熱情讓法布爾的身體奇蹟似的康復，《昆蟲記》的第一卷也終於出版了。這一年他五十五歲。

可是《昆蟲記》並沒有想像中的暢銷。學者們都認為「這只不過是外行人寫的書」。法布爾始終不顧這些評論，還是繼續觀察、繼續寫書。

「我不是為了想要有偉大的地位才研究、寫書的。我只是想讓大家知道昆蟲的美妙而已。」

《昆蟲記》繼續出版了第二卷、第三卷……，距離第一卷出版過了二十八年後，《昆蟲記》全十卷終於完成。這時候法布爾已經八十三歲了。

「這本書真有趣。文章既優美，又能學到東西，為什麼這種書不暢銷呢？」

有些人開始注意法布爾的書了。自此之後，《昆蟲記》開始大賣，甚至成為全世界爭相翻譯的暢銷作品。但是，法布爾依然繼續握著他的放大鏡不斷觀察，樂於

分享昆蟲的趣事。對於前來拜訪自己的昆蟲愛好者，他也親切幽默的和他們聊著昆蟲的話題。

「好，我也跟你們一起來想想吧。」

到九十一歲過世之前，法布爾都不曾放棄觀察昆蟲。他對小小生命無限的愛和熱情，完全寄託在流傳到現在的《昆蟲記》中。完

生活中的故事

為什麼鉛筆可以寫字？

鉛筆可以在紙上寫字，要是寫錯了還可以馬上用橡皮擦擦掉，真是非常方便。為什麼鉛筆可以馬上寫出來、又馬上擦掉呢？

祕密就在鉛筆芯和紙張表面上。

鉛筆芯是由黑鉛這種黑色粉末和黏土混合起來，再燒硬

後製成的。而紙則是由溶化的木材製成「紙漿纖維」做成的。紙張看起來好像很平坦，其實表面凹凸不平，有細細的纖維交錯。

由於鉛筆芯是軟的，所以把鉛筆壓在紙上移動，黑色粉末就會一點一點被磨下來。黑色粉末會留在纖維和

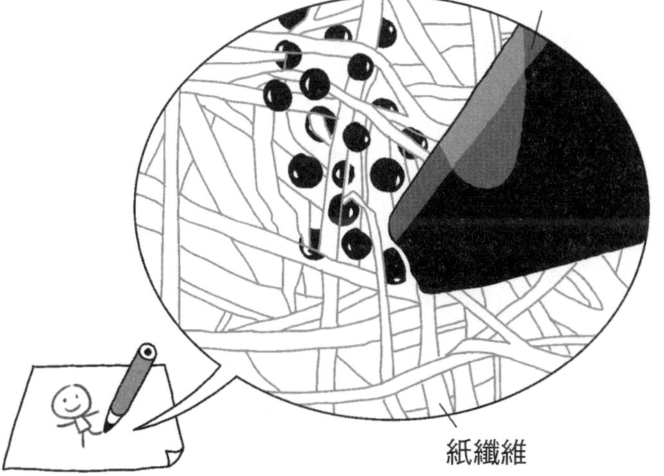

纖維之間，所以就算把紙張反過來，粉末也不會掉下來。可是有些表面平滑的紙（類似本書的封面），鉛筆就無法順利寫上去。還有玻璃或者塑膠表面，鉛筆也寫不上去。這是因為沒有孔隙或細縫可以讓黑色粉末進入。

鉛筆芯的黑鉛愈多黏土愈少，就會愈軟，相反的，黑鉛愈少黏土愈多，就會愈硬。

目前鉛筆規定的硬度共有十七種。從軟到硬依序是6B、5B、4B、3B、2B、B、HB、F、H、2H、3H、4H、5H、6H、7H、8H、9H。

為什麼可以用電話跟遠方的人說話？

聲音要透過空氣或水的震動才能傳遞。說話時喉嚨發出震動，經由空氣傳遞，讓對方耳朵裡的鼓膜也跟著震動，就能聽到我們說的話。不過聲音並無法傳遞到很遠的地方。

電話最方便和最奇妙的地方，就是不管分隔多遠，聲音聽起來都好像近在身邊。

你玩過紙杯電話嗎？紙杯電話是因為聲音震動紙杯底部，讓聲波傳到線上，再傳到對方的紙杯。這時候對方紙杯的底部也會跟著震動。

等到震動傳達到對方耳朵的鼓膜，對方就能聽到聲音。

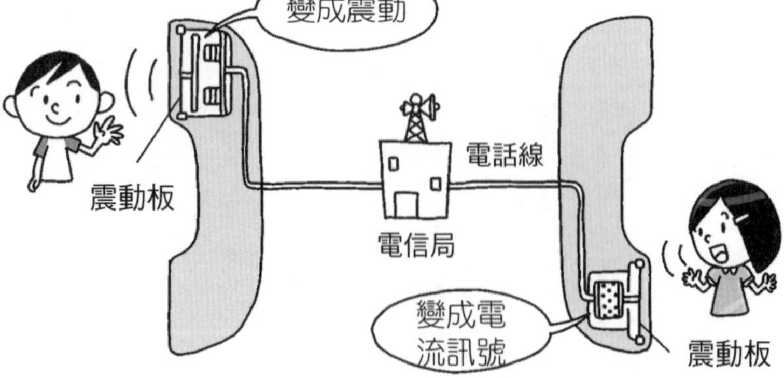

電話是將聲音的震動轉換成電流訊號，用電話線傳送，將聲音送給對方。電話的話筒（麥克風）跟紙杯底部一樣，裝有會因為聲音而震動的板子（震動板）。電流訊號經過電信局，傳送到位在遠處的對方電話，震動話筒裡面的板子。這些震動傳到耳朵，就會變成我們能聽到的聲音。

現在還有光纖電纜能將電流訊號變成光來傳送。

透過海底的電纜連接到海外，我們就可以跟外國人通電話。行動電話是利用電波來傳送的，所以即使沒有電話線也可以使用。

為什麼在電車裡跳躍會落在同一個地方？

如果在行駛中的電車裡往上跳躍，會怎麼樣呢？答案是會在跳起來的地方落下。往上跳以後，明明有一段時間腳沒有站在電車上，而且電車繼續往前行駛，可是為什麼落地時位置沒有變呢？

這是因為當你的身體在行駛的電車裡時，身體也跟電車以一樣的速度不斷前進。

從電車外面看，電車跟電車裡面的人都同樣在前進，也以同樣的速度在移動。跳下來的時候，會降落在稍微前方一點點的位置。

如果行駛中的電車突然緊急煞車，身體就會不自由主的往前傾。

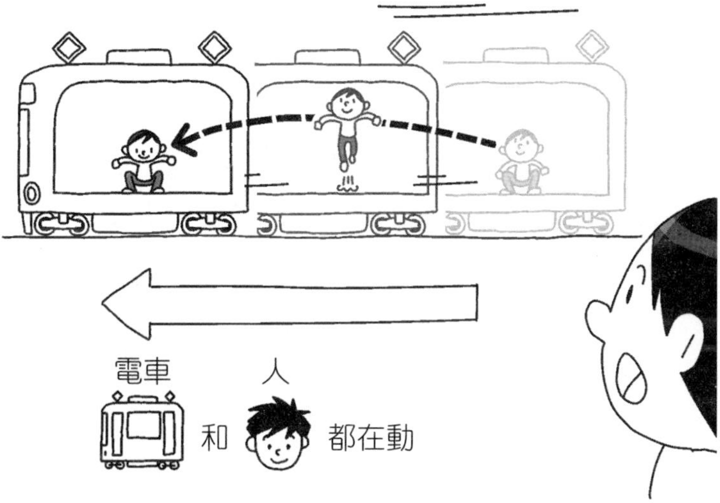

這是因為身體本來和電車用相同的速度往前移動，但是電車的速度突然變慢，身體就會往前衝。這種物體持續移動的特性，就稱為「慣性」。

當電車開動，身體會覺得被往後拉，是因為電車往前進，身體卻企圖停在原處的關係。這也是一種「慣性」。

條碼的原理是什麼？

書或是點心、飲料等各種商品上，都有黑白條紋的條碼。收銀機的讀碼機發出紅色光線，「嗶」的一聲讀取條碼，馬上就能知道商品的名稱和價錢。

條碼的原理到底是什麼呢？

以一般商品上所附的條碼來看，條碼下面有數字。將這些數字轉換成電腦能讀取的形式，就是所謂的條碼。

要製作條碼首先要把一個數字以七位數的1和0來表示。比方說「9」就寫成「0001011」。0以白線標示、1以黑線標示。條碼上還會標示「起點」，這麼一來即使讀碼的光線顛倒，也可以知道正確的順序。

經過讀碼機的光線照射，白線會強烈反射光線，黑線的反射則比較弱。這些反射的強弱轉換成1和0，傳送到收銀機裡，電腦

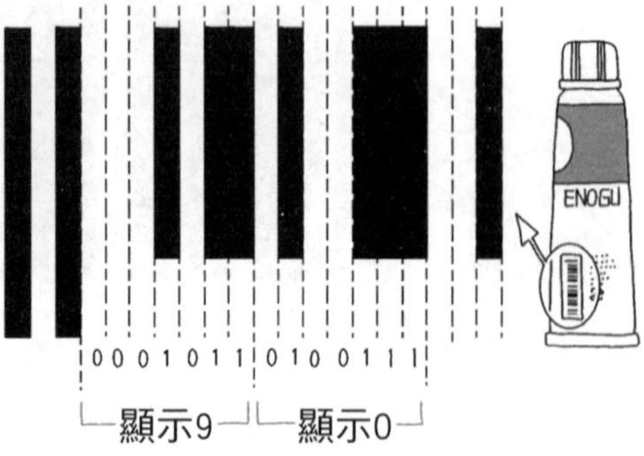

　再把電訊還原為原本的數字。利用這些數字讓商品的名稱和價錢顯示在收銀機上，還可以知道店裡存貨的數量、進貨日期、銷售數量等等。

　一般條碼並不能顯示太長的數字，也只有橫向的資訊。但是「二維條碼」卻可以寫進直向和橫向兩個方向的資訊，光是數字就可以顯示七千個字。還可以顯示文字，所以經常用於廣告和傳單上。

　有些行動電話就有二維條碼的讀取功能，讀取很方便。

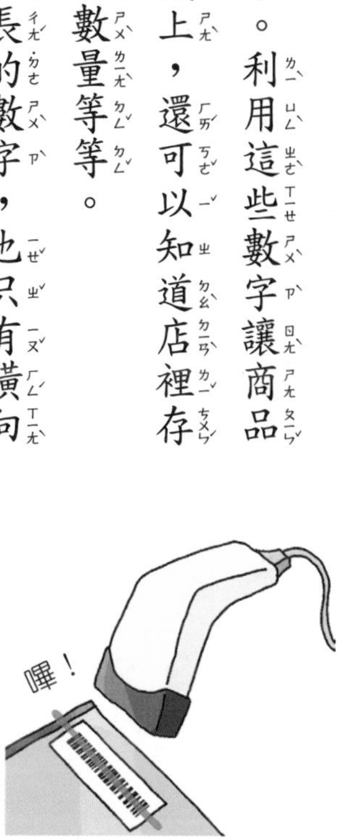

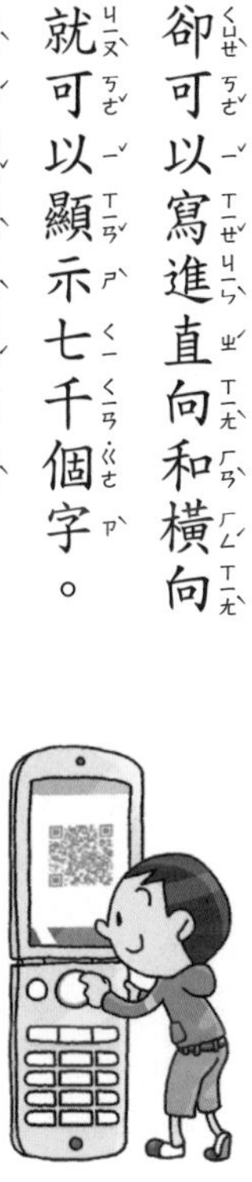

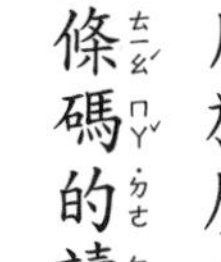

→二維條碼

冰淇淋是怎麼做成的？

冰冰涼涼、入口即化的冰淇淋。不只在炎熱的夏天好吃，在冬天裡也一樣好吃。

冰淇淋是由牛奶和鮮奶油、砂糖所製成的。但是光把材料混合冰凍起來，並無法製造出綿密柔軟的細緻口感。

冰淇淋的口感跟裡面的冰結晶大小有很大的關係。冰結

晶愈小，放進嘴裡就融化得愈快，成為愈綿密的冰淇淋。

製造冰淇淋的時候，如果讓材料慢慢結凍，結晶就會愈大，口感粗糙不平。所以，要做出好吃的冰淇淋，必須在很低的溫度下攪拌，同時在很短時間內迅速冰凍。

在工廠裡會使用零下四十

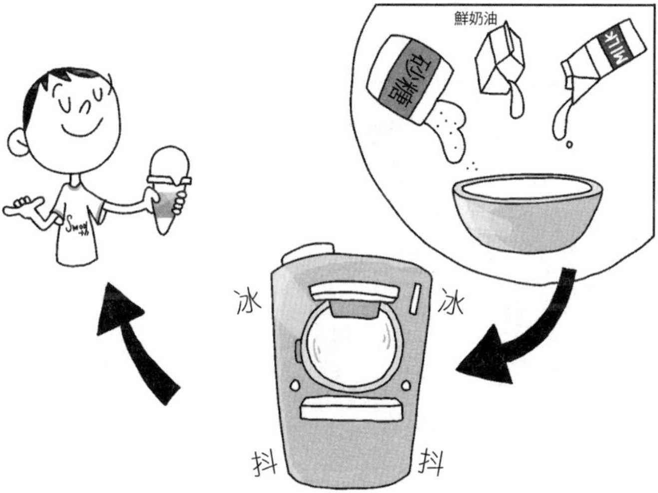

度以下的冷凍機械來製作冰淇淋。

據說在距今五百年前，已經有人把牛奶冷凍起來做成冰淇淋。因為當時沒有冰箱，所以是利用事先保存的雪或冰來冷凍。冰的溫度是零度，但是在冰上灑鹽巴可以讓冰的溫度低於零度，以前可能是利用這種原理來製作冰淇淋的吧。

咖哩為什麼會辣？

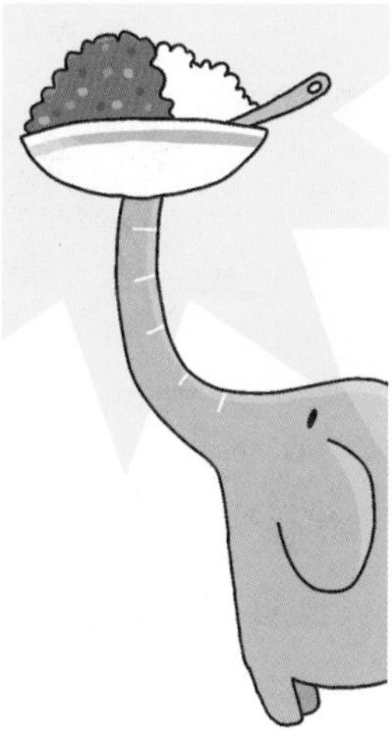

放了許多肉和蔬菜的咖哩，大家都非常喜歡。但是也可能有人雖然喜歡咖哩，卻不愛吃辣。

咖哩會辣，是因為咖哩裡面加了「香料」。所謂香料是由植物的種子或葉子所製成，為了方便做菜時使用，事先經過乾燥。咖哩裡面用了十到三十種香料，其中也包括了辣味的來源「辣椒」或「芥子」、「胡椒」等等。

咖哩裡面含量最多的就是「薑黃」這種香料。因為薑黃是黃色的，所以咖哩看起來是黃色的。

那麼，為什麼咖

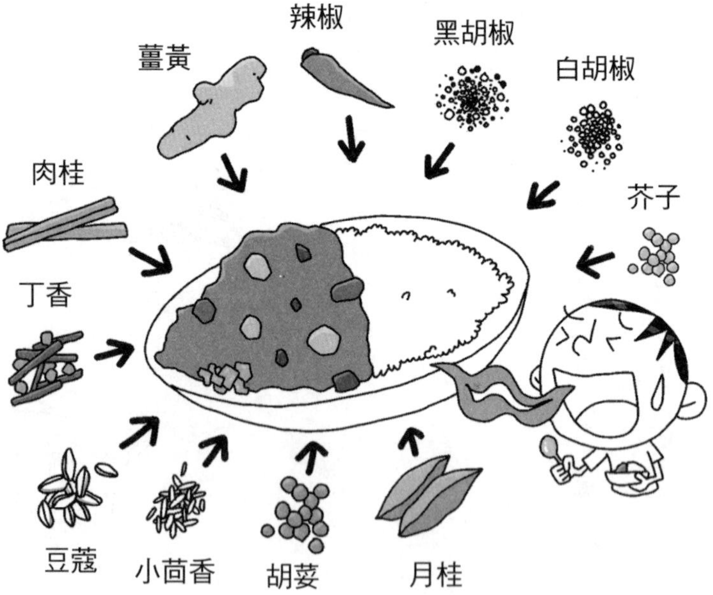

哩裡面要放這麼多種香料呢？

咖哩原本是從印度傳來的食物。印度從以前開始就把許多種香料當作藥來使用。

比方說辣椒，這是一種包含很多維他命C的香料，它的辣度也有促進食慾的功能。另外，薑黃這種香料，具有促進消化、把對身體不好東西排出體外的功能。咖哩裡面其他的香料，還有增強胃部，讓人感覺清爽的功能。

果凍為什麼會QQ的？

果凍的原料是從動物的皮或者骨頭中取得「骨膠」這種蛋白質（骨膠亦稱「明膠」）。

骨膠加水後加熱，會在水中分散，但是冷了之後又會聚集在一起，形成像網子般的形狀。把水鎖在這網子裡，變硬之後就成了果凍。

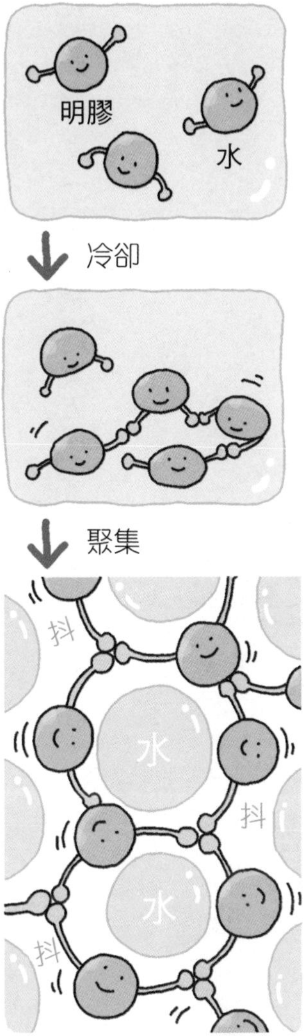

把水鎖住結塊

由於網子雖然變硬卻沒有很堅固，所以果凍會很軟，還會搖呀搖的抖動。

另外有一種很像果凍的食物——「洋菜」。

洋菜是由天草這種海藻所做成的。天草用水煮開後，會變成黏稠的液體，冷卻後就結成了有彈性的柔軟塊狀物。

這是因為洋菜裡包含了「食物纖維」。食物纖維也跟明膠一樣，冷卻之後會形成網子般的形狀，將水鎖在網子裡。

另外水果軟糖也是由骨膠製成的，但是吃起來比果凍更硬、更有嚼勁，這是因為裡面加入的骨膠比較多、水分較少的關係。（日本稱洋菜為「寒天」）

卡通是怎麼畫的？

卡通裡的圖片會動，看起來活生生的，真是不可思議。

為什麼卡通裡的圖片會動呢？

大家有沒有做過翻頁漫畫呢？在筆記本的角落每一頁都畫下稍微不同的圖，很快的翻過去，看起來就好像圖片會動。卡通的原理跟這種翻頁漫畫是一樣的。

利用大腦的錯覺，在短時間內連續看到好幾張圖片，腦會自動補滿上一張圖和下一張圖之間的動作，所以圖片明明沒有動，看起來卻像是有連續動作。

平常，卡通在一秒以內會連續呈現二十四張圖片，看起來就像圖片在動。

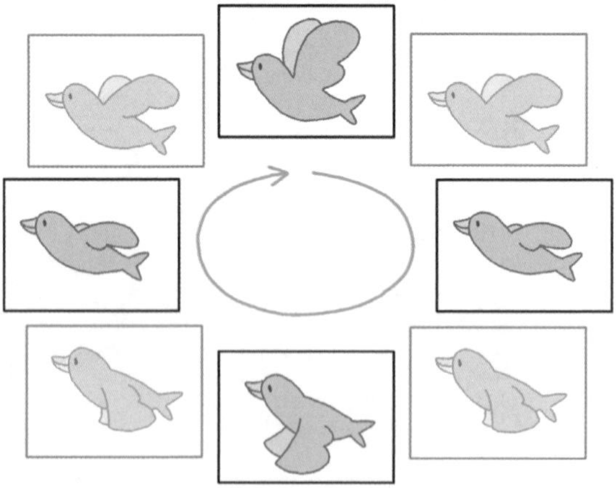

這麼算來，光是要製作一部長度三十分鐘的卡通，就要畫出四萬張圖片。

製作卡通有許多技巧，有的時候可能會使用相同的背景，或者是重複使用動作相同的圖片，只讓圖片裡的某一部分活動。

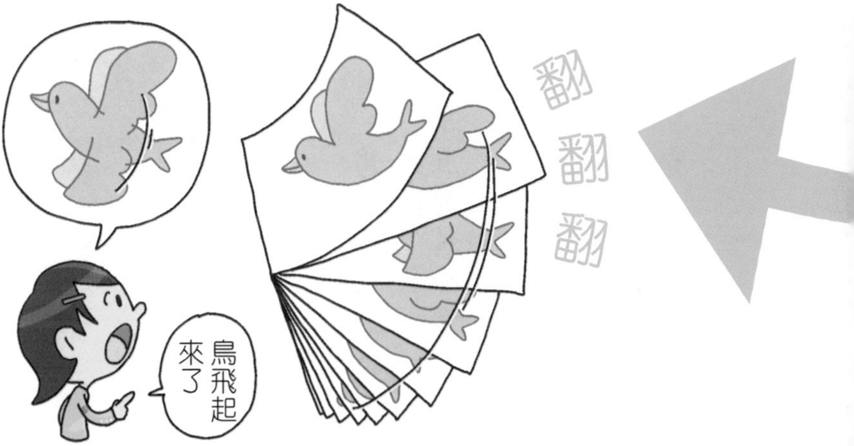

高鐵的車頭為什麼是尖的？

高鐵列車的形狀跟一般電車很不同。其中最明顯的就是車頭的駕駛艙看起來又尖又長，長度有十五公尺。

為什麼車頭是尖的呢？

第一個理由是為了讓高鐵列車盡量省電迅速安靜的行駛。

舉個例子，當我們快速奔跑的時候，臉上會有強風吹拂

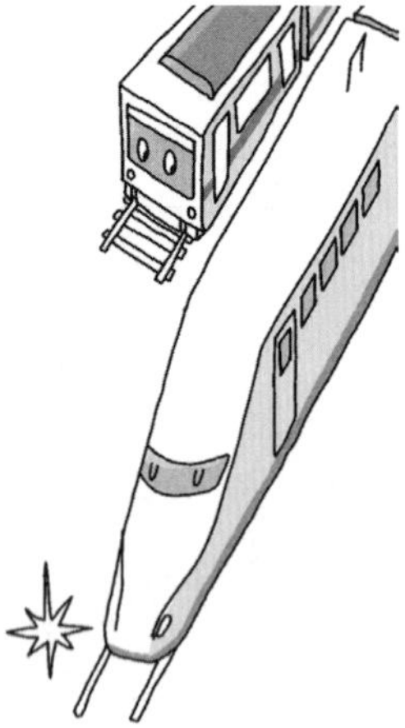

的感覺。如果以十秒鐘跑五十公尺，就等於是時速十八公里的速度。

高鐵列車以最快時速三百公里的速度奔馳，算起來要比人奔跑時，多承受了兩百七十七倍的風。如果車頭不是尖的，不僅會發出很大的噪音，同時也會因為風的阻力，需要使用更多電力才能前進。

高鐵沿線要經過很多隧道。當列車高速進入狹窄的隧道時，隧道裡的空氣會被推擠，然

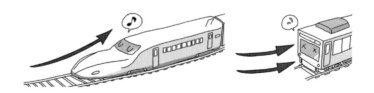

後從出口衝出來，會產生很巨大的的噪音跟震動。這對住在附近的人家是相當困擾的事。將車頭設計成細長尖形，是為了不讓高鐵列車劇烈推擠隧道裡的空氣。

高鐵列車的形狀是經過好幾百次製作模型的實驗以及電腦計算的結果才決定的。

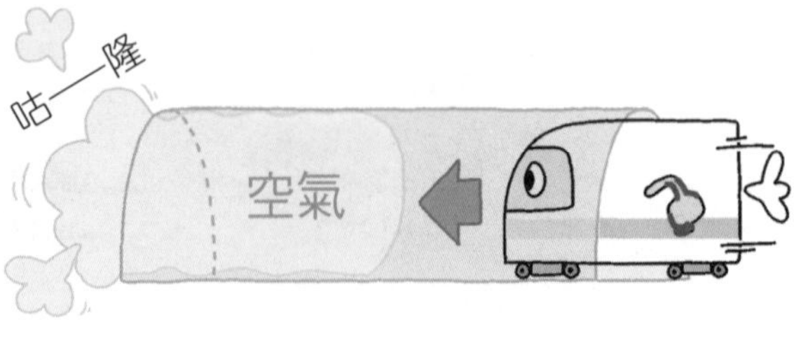

科學小實驗

用微波爐製作洋芋片

微波爐可以加熱食物，讓冰冷的東西一轉眼就變得像剛做好時一樣熱呼呼。微波爐能解凍、蒸煮生食，只要一個按鍵，就能完成多種烹調方法，是相當方便的家電產品。

微波爐是利用微波來加熱食物，透過劇烈搖動食物中所含的水滴來產生熱能。

要是加熱過頭，水就會變成水蒸氣，跑到食物外面。大家有沒有因為搞錯微波時間，讓食物變乾硬的經驗呢？因為水分幾乎都跑出來了，才會導致食物乾燥。所以，將食物放進微波爐時包上保鮮膜，就是為了盡量避免乾燥。

微波爐這種讓食物乾燥的力量，有時候也可以加以利用。

比方說煎餅的袋子開封後經過一段時間，煎餅會吸收空氣中的水

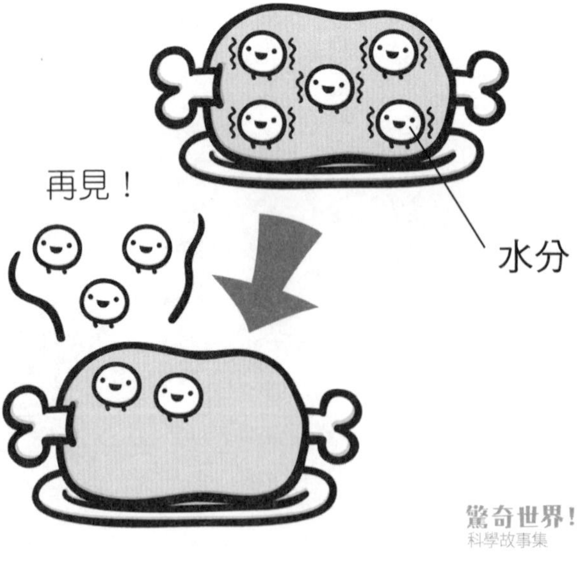

分而受潮變軟，這樣就不好吃了。

這時候，只要放進微波爐裡加熱二、三十秒左右再放涼，就可以恢復原本的爽脆嚼感，又變得好吃了。微波加熱再放涼，加熱後的水分會不斷蒸發。

包飯糰的海苔，受潮之後也一樣容易變軟，這時候同樣利用微波爐就可以讓海苔恢復酥脆。

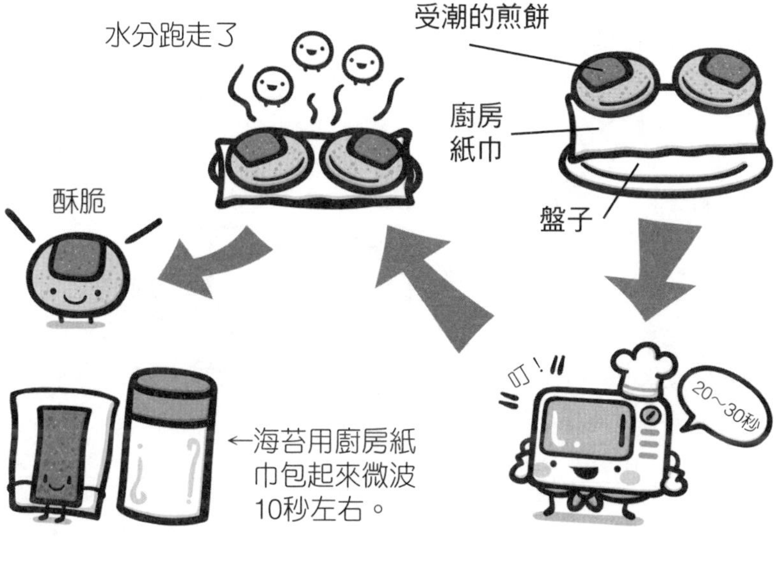

讓我們利用微波爐，來試做好吃的洋芋片吧。

把切成薄片的馬鈴薯放進微波爐裡加熱三分鐘左右。放涼之後，爽口酥脆的洋芋片就完成了。在商店裡賣的洋芋片，是油炸的，利用微波爐製作並不需要用到油。只要將馬鈴薯裡的水分排除就好了。食用前記得灑上一點胡椒鹽喔。

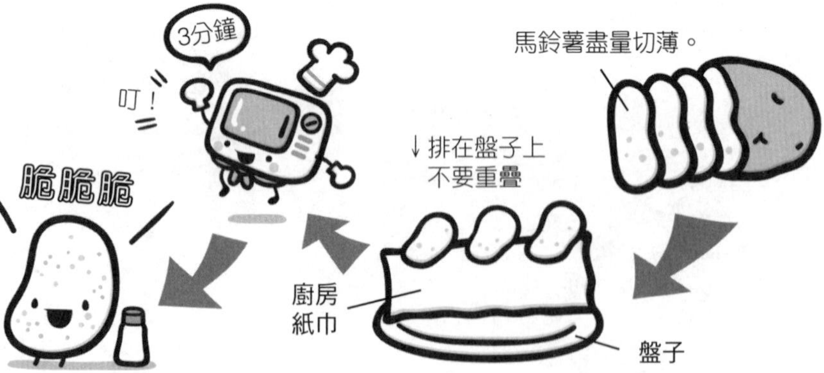

地球和宇宙的故事

風為什麼會吹？

很多人都誤以為風是隨意亂吹的，其實並不是。必須符合許多條件才會起風。

那麼，讓我們來想想，什麼時候才會感覺到風？

房間裡開了暖氣，非常溫暖，打開窗戶，外面的冷風就會吹進來。為什麼會這樣呢？

空氣經過加熱後會膨脹也變得稀薄。相反的，空氣冷卻就會收縮。當溫暖房間裡的空氣比外面的冷空氣稀薄，外面的空氣就會往房間裡面移動，保持空氣濃度平衡。

當空氣像這樣從濃度高的地方往濃度低的地方流動，就會產生風。

太陽加熱了地面以後，熱度會增加地面上的空氣溫度。熱空氣變輕上升，地面空氣就會變少。這時在上方的冷空氣，會往下流動。這種空氣的流動，就是我們所感受到的風。

比方說，白天太陽同時照射海洋和陸地。陸地上的空氣變暖往上升，而海洋上的冷空氣就會往陸地流動，就是吹「海風」。

到了晚上，海洋比陸地不容易變冷，所以風會變成從陸地吹向海洋，這就是「陸風」。

另外，冬天的時候亞洲大陸上空覆蓋著濃濃的冷空氣。海洋比較不容易冷卻，所以會吹起從亞洲大陸往太平洋方向的冰冷北風。這就是所謂的「冬季季風」。

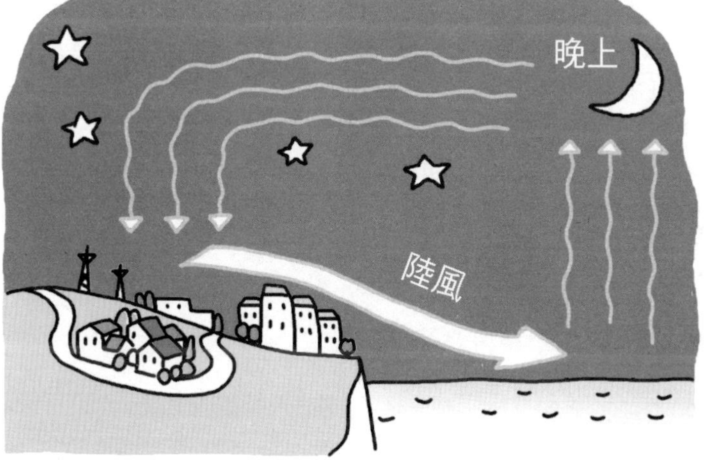

天氣預報是怎麼來的？

以前的人從每天的生活中找出了天氣變化的規律，像是「看見天上出現美麗晚霞的話，明天就會是晴天」。你有沒有聽說過呢？

從前的人也跟現在的我們一樣，很想知道隔天的天氣。

從十七世紀到十九世紀，歐洲陸續發明了溫度計、氣壓

計、溼度計，開始知道天氣和氣溫、氣壓、溼度之間的關係。

十九世紀又發明了電信和電話，可以跟遠方的人討論天氣的狀況、氣溫、氣壓、溼度、風向和風的強度等氣象資訊。後來除了自己居住的地方，還在地圖上記

錄許多不同地方的天氣狀況，製作了天氣圖。

每隔一定時間製作天氣圖，就可以了解天氣如何變化，並且可以預測天氣的狀況。

為了正確預測天氣，必須要盡可能在很多地方測量氣溫和氣壓，才能詳細了解天氣變化的狀況。

「自動氣象數據採集系統」，是能自動測量並且回報氣溫、溼度、氣壓、雨量、風向、風的強度

等資訊的裝置。預測天氣時除了接近地面的資訊，也需要高空中的氣象資料。這時候就需要升起氣球來調查，或者是請天空中的飛機幫忙傳送資料了。

電視天氣預報常見的氣象衛星，會傳送從宇宙拍到的照片，還有雲、海、陸地溫度等資訊。

氣象雷達也是很常用的工具，能夠調查哪裡有雲？哪裡可能會下雨？除此之外，還可以接收到海上或外國的氣象資料。

把蒐集到的資料，輸入電腦裡面計算，就能推測未來的天氣變化。

計算的結果交由氣象專家們再次確認，同時也要考慮各地的地形和天氣特徵，才能做出最後的天氣預報。

海市蜃樓是什麼？

從前在沙漠旅行，很可能有生命危險。因為沙漠裡既沒有河川也沒有湖泊，很難找到水。旅行的人如果發現前方出現綠洲，都會很高興。心想：「太好了！得救了！這下子終於可以盡情的喝水了。」但是，他們往前走卻發現什麼都沒有。這是怎麼回事呢？

旅行者以為是綠洲的地方，其實只是「海市蜃樓」。看起來是水的地方其實是天空的倒影。以地平線為界，上方看起來是天空，浮在下方的天空看起來像是湖水。為什麼會有這種現象呢？

光線通常會筆直前進。但是如果空氣濃度不同，光線就會彎曲前進。在沙漠裡接近地面的空氣比較溫

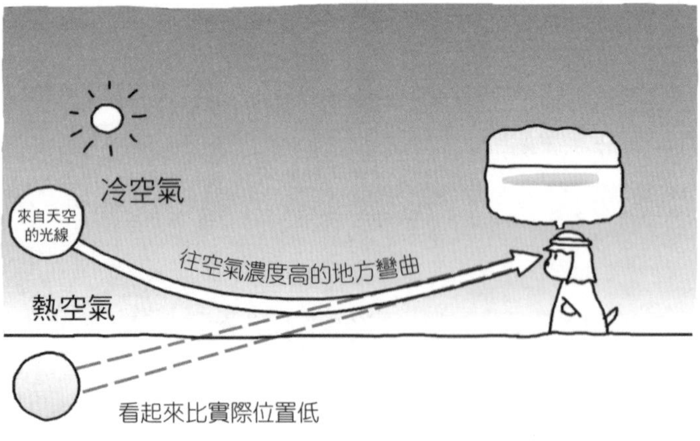

暖，空氣濃度較低，所以從天空而來的光線會彎曲進入人的眼睛，看到的會比實際的位置低。

另外還有一種「下蜃景」的現象，原理跟沙漠裡的海市蜃樓一樣。大家可以試著在很熱的天氣裡看看遠方的柏油地面。路面看起來好像溼溼的。這也是因為天空和車子倒映在地面上的關係。

這時候跟沙漠裡的海市蜃樓相反，空氣下面冷、上面熱的時候也會有海市蜃樓的現象。

海灣上的海市蜃樓現象是當融化的雪水注入海洋，溫暖的空氣流過海水變冷的海面時所發生的。實際上的風景看起來會縱向拉長，或者上下相反。

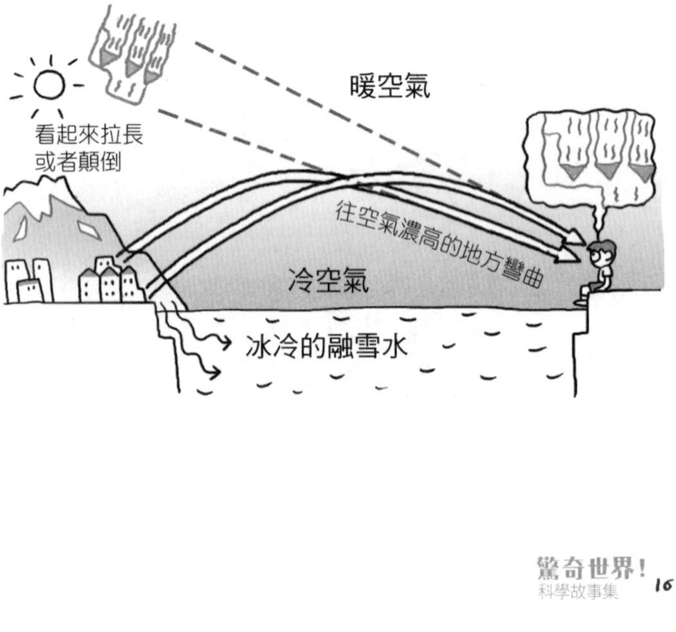

為什麼海會漲潮退潮？

大家夏天到海邊玩的時候，應該都看過海水上漲和後退。有時候海水會漲到很高的地方，淹沒沙灘，稱為「漲潮」，而海水退到較低的地方時就是「退潮」。

你聽過「萬有引力」這個名詞嗎？

萬有引力指的是東西和東西之間互相吸引的力量。我們平常可能沒有注意到，但是只要是有重量的東西，彼此間就會有萬有引力的作用。

這種萬有引力（平常稱為「引力」），存在地球和月亮之間。漲潮和退潮就是月亮的引力吸引地球海水所產生的。

地球上靠近月亮的海，海水受到月亮的吸引而上升，形成漲潮。

但是遠離月亮的海，也會形成漲潮。這是為什麼呢？

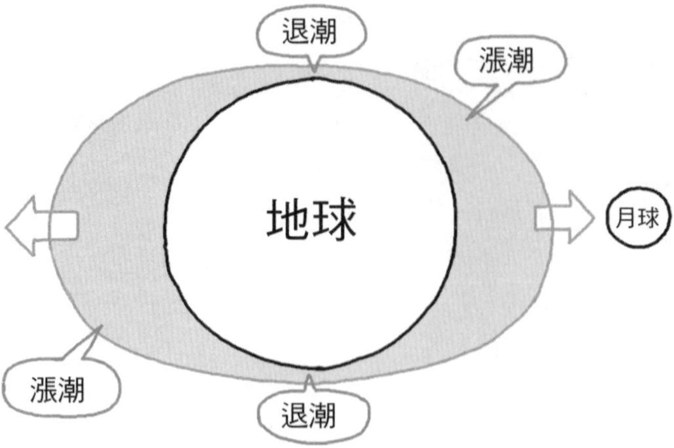

在杯子裝一點點水，晃一晃會出現小小的圓圈，仔細看可以發現杯子旋轉的時候，外側的水會稍微往上隆起。

地球也是這麼轉的，當月亮繞著地球旋轉，其實地球自己也在轉。所以遠離月亮的那一側，海水也會隆起。

地球兩側的海水聚集形成漲潮，而位於中間的海，因為海水減少，就會形成退潮。

太陽的引力也會吸引海水。不過因為太

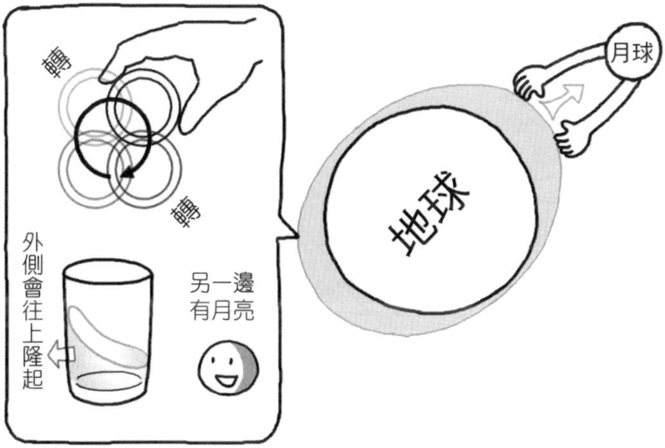

陽位在比較遠的地方，所以引力只有月亮的一半。

新月和滿月的時候，太陽、月亮和地球會形成一直線，兩者的引力加起來，就是潮汐力量最大的時候，稱為「大潮」。半月的時候，月亮來到和太陽引力互相抵銷的位置，漲潮退潮的幅度最小。這時候稱為「小潮」。

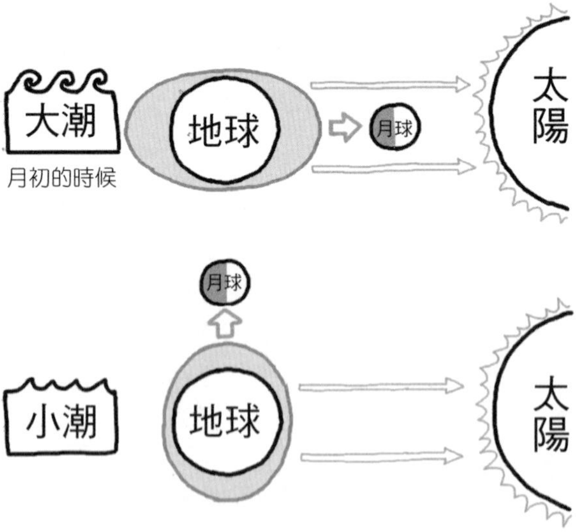

南極和北極哪邊比較冷？

南極和北極都是在地球上受到太陽光照射最少的地方。夏天時，太陽雖然會在南極和北極長時間出現，但是一整天都是從很低的地方斜斜的照射，幾乎不會照射到地面。到了冬天，太陽出現的時間很短暫，甚至有時候一整天都看不到陽光。所以全年氣溫都很低。

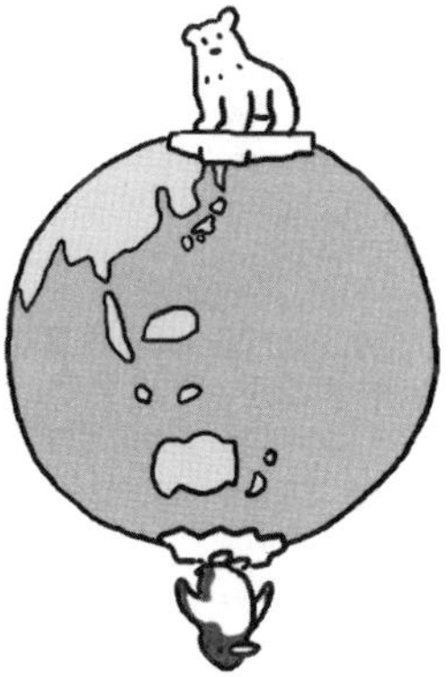

從照片上看起來，南極和北極都被冰雪覆蓋，或許有人會認為寒冷的程度沒什麼差別。其實，南極要比北極冷多了。

比較北極和南極一年的平均氣溫，南極低了二十度左右。另外，地球上最冷的地方，是曾經有過零下八十九度紀錄的沃斯托克基地。這個基地正好位在南極。

為什麼南極會比北極冷呢？

這是因為北極是浮在海面的冰塊，而南極則是一片大陸。

我們稱為北極的地區，幾乎都是浮在海上的冰塊。這些冰塊的下面有海水。由於海水不會結凍，所以溫度並不會太低，差不多只比零度低一些而已。所以在冰塊上的氣溫並不會太冷。

另一方面，南極是一片被長時間累積的厚厚冰層覆蓋的大陸。平均冰層的厚度高達兩千四百五十公尺，最厚的冰層，厚度甚至超過四千公尺。高山比平地的氣溫更低。南極等於是位在由冰塊結成的高山上，所以天氣非常冷。

此外還有一個原因，距海愈遠的內陸地區天氣愈冷。南極大陸幾乎大部分的地區都屬於內陸。

因為這些理由，所以被冰層覆蓋的大陸南極，要比浮在水面上的冰塊北極更加寒冷。

地球是怎麼誕生的？

地球是繞在太陽周圍的行星。地球的夥伴，還有金星、火星、木星、土星等太陽系行星。在太陽誕生時，地球跟夥伴行星也一起誕生了。那是四十六億年前的事。

在很久很久以前，漂在宇宙中的氣體聚集在一起，慢慢開始收縮，並且開始不斷旋轉，在這中心產生了一顆恆星。

這就是太陽。在太陽周圍出現了由氣體塵埃聚集成的大圓盤形狀。

這些氣體和塵埃最後聚集成小岩石，互相撞擊，不斷破裂和聚集。其中有一些岩石經過數次結合，慢慢變大，出現了地球、金星、火星這些由岩石形成的行星。另外，在圓盤的外側也出現了木星或土星等由氣體形成的行星。

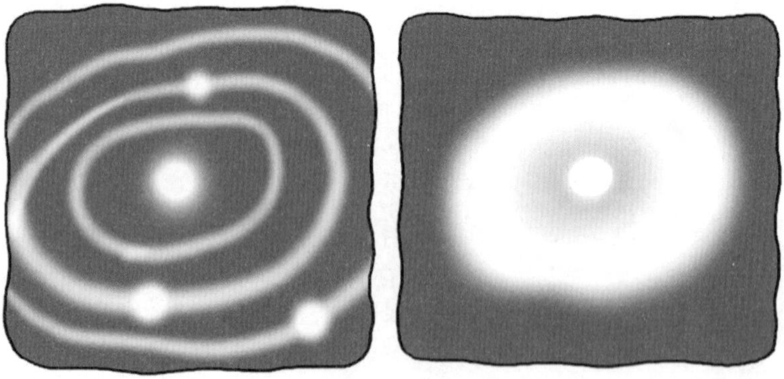

地球剛出現的時候，表面覆蓋著黏稠的融岩。等到鐵、鎳等比較重的物質下沉聚集到中心，表面殘留的較輕岩石，變冷凝固。覆蓋在地球外側的水蒸氣也冷卻變成水，開始降雨。雨水堆積，形成了海。

這時候地球還沒有生物。那麼大家認為地球上的生物是什麼時候誕生的呢？

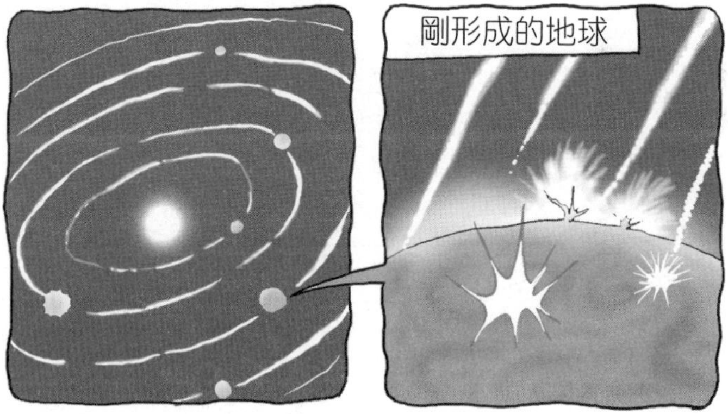

①大約四十億年前

②大約四億年前

③大約四千萬年前

正確答案是①。四十億年前左右，在海裡誕生了最早的生物。生物歷經長時間不斷重複進化，衍生出許多不同生物。陸地上有動物和植物居住，是在大約四億五千萬年前。

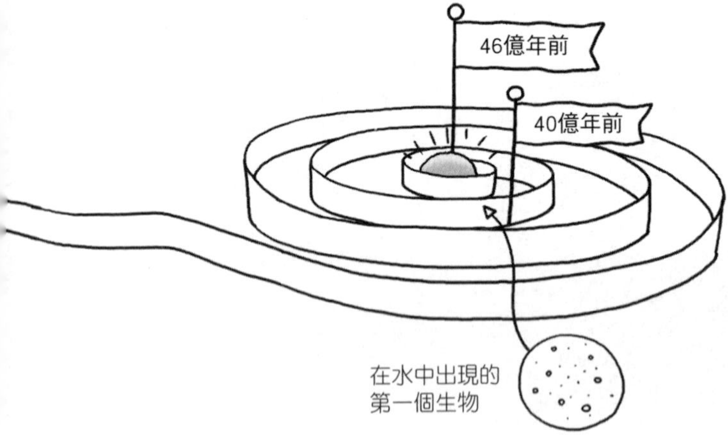

那我們人類出現在地球上，是什麼時候呢？

①大約兩億年前

②大約三千萬年前

③大約七百萬年前

正確答案是③。目前為止發現的人類化石，最古老的大約是七百萬年前。

如果把地球四十六億年的歷

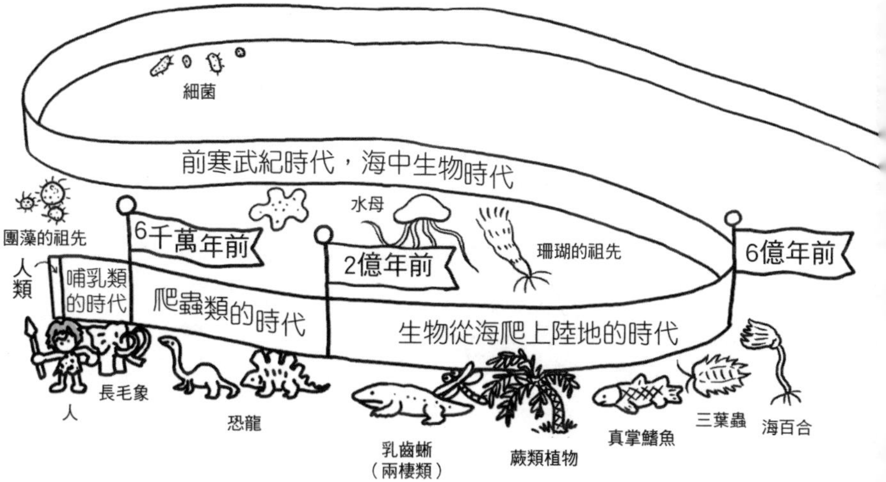

史當作一天（二十四小時），從半夜零時開始，最早有生物出現的時候差不多是凌晨三點多，而陸地上開始有動物和植物居住則是超過晚上九點半。至於人類的出現已經是晚上十一點五十八分左右了。

跟地球的歷史相比，人類的歷史真是太短了！不過，人類好像有點太自以為是了呢。

流星是怎麼出現的？

據說，看到流星的時候許下願望，願望就會成真。但是流星總是突然出現、很快流過，一瞬間就消失，常常會來不及許願。

流星的真面目，其實是來自宇宙的塵埃（類似砂子的小顆粒）。這些塵埃飛進了大氣層裡，跟空氣摩擦以後，會產

生數千度的高溫和光線，呈現燃燒狀態。星星只有這一段燃燒的時間會發出耀眼亮光，很快就會消失，所以看起來就像一瞬間流過天空。

大家有沒有看過星星拖著一條發亮尾巴的照片呢？這就是彗星。彗星其實跟地球和火星一樣都是繞著太陽

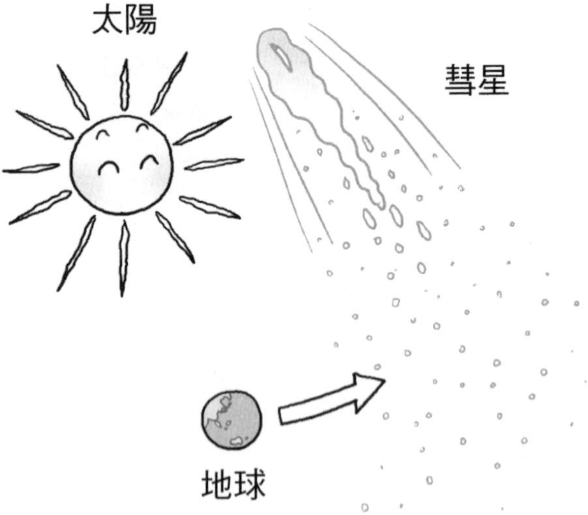

轉的天體，主要是由冰和岩石組成。彗星一接近太陽，就會產生氣體和塵埃，看起來就像拖著一條尾巴一樣。

彗星通過時會留下許多微細的塵埃。這些塵埃飛進地球大氣層，就成了流星。

也有些石頭會像流星一樣發光，但是沒有完全燃燒

就掉落，稱為「隕石」。隕石是「小行星」或者行星的碎片飛進大氣中所形成的。

太陽系裡除了八大行星和衛星之外，還有無數的小天體，稱為小行星。小行星的大小不一，最大的大約只比月亮小一點點。

很久很久以前（六千五百萬年前），巨大隕石掉落到地球上。因為這個影響，氣候有了很大的變化，據說恐龍可能就是因此滅絕的。

科學小傳記

貝爾

發明電話的教育家

（一八四七年～一九二二年）

一百五十年前，英國北部愛丁堡的一座小城鎮裡有位淘氣少年名叫亞歷山大・格拉漢姆・貝爾。

有一天，貝爾和朋友在磨坊的水車小屋旁邊玩，當時的麵粉店不像現在由機械磨粉，都是靠水車的力量來把小麥輾磨成麵粉。朋友的爸爸是麵粉店老闆，他走出磨坊問他們：

「不好意思，你們兩個可以幫幫忙嗎？」

「幫忙？有我們能幫忙的事嗎？」

「當然有啊。我想請你們幫我把小麥的殼去掉。」

「好啊，聽起來滿好玩的。」

兩個人很高興的開始用手剝去小麥的殼。

但是沒想到這份工作比想像中還辛苦。小麥的殼很硬，非常不好剝。

貝爾心想：「難道沒有什麼好方法嗎？」

這時候，他注意到磨坊裡的指甲刷。

「用這個刷刷看吧。」

指甲刷有硬毛，可以刷去指甲上的污垢。拿來刷小麥，果然比用手剝殼，要來得快速輕鬆多了。

但是貝爾繼續想有沒有其他更快、更省力的方法。

想了一會兒，他想到可以「在桶子裡裝上指甲刷，放入小麥，利用水車的力量來旋轉。」他的新方法一試就非常成功。指甲刷一下子就把小麥殼剝乾淨了。

麵粉店老闆很佩服他。

「謝謝你啊，格拉漢姆。你將來一定可以成為偉大的發明家。」

貝爾出生於一八四七年三月三日，是三兄弟中的次男。

貝爾的爸爸是一位世界知名的「聾啞教育」專家。他發明了「視話法」，教導因為耳朵聽不見而無法正常發音的人，如何開啟嘴巴、指出舌頭的位置，告訴他們如何發音，

設立了世界上第一所聾啞學校。

貝爾的媽媽有優異音樂才能，教三個兒子彈鋼琴。

生長在這樣的家庭，貝爾從小就對聲音很有興趣。

長大後的貝爾學習過各種學問。希臘文、拉丁文、音樂、植物學、博物學、數學、地理……。其中花了最多力氣跟著父親學習發聲學，當然，他也精通視話法。

他也向電氣學教授——發明家惠司同學習電信。

所謂「電信」，是美國人摩斯（一七九一年～一八七二年）所發明的通訊方法。是利用電流寫成的信。藉由切斷電流、連接電流，傳送文字訊號。

連接短電流是「•（咚）」。連接長電流是「—（嘟）」。只要把這兩種訊號加以組合，就可以表示各種句子和文字。

比方說英文字母S是「•••」，O是「———」，所以「•••———•••」連在一起就是「SOS」，也是「救救我」的意思。

貝爾對學習電信很有興趣，他開始思考：「摩斯電信用一根電線只能進行一次通訊。如果能同時通訊，一定很方便。不，要是能直接傳送人說的話，一定更加方便！」

二十三歲的時候，

貝爾得了「結核」這種可怕的疾病。貝爾的哥哥和弟弟都因為結核病而喪失性命。

醫生對他說：

「再這樣下去你只剩下半年的壽命了。最好能搬到空氣好的地方，耐心靜養。」

於是，貝爾全家搬到比英國空氣更好，同樣說英文的加拿大去居住。

一年後，貝爾的病就完全痊癒了。

剛好美國波士頓，有人正在找教視話法的老師。貝爾一個人前往波士頓工作，除了教視話法，他也負責聽障孩童的教育和訓練。

他工作得很出色，三年後，二十六歲的貝爾就當上波士頓大學的教授。很多人都認為，貝爾一定可以成為和他父親一樣優秀的老師。

但是，沒過多久貝爾就辭去了大學教授的工作。

有兩個有錢人桑德斯和赫巴德，特別來拜訪貝爾。桑德斯和赫巴德的孩子都聽不見，想要找一位能夠住在家裡陪伴與教導孩子的家庭老師。貝爾深受這兩人為孩子著想的心情感動。但是，桑德斯的家距離波士頓很遠，他只好辭去大學的工作。

新工作增加了不少自由時間，於是，貝爾開始想嘗試學

生時代夢想的電信改良。希望靠一根電線來完成多項通訊。桑德斯和赫巴德為他準備了實驗室，還提供實驗所需的費用，聘請熟悉電氣問題的華生作為貝爾的助手。

就這樣，貝爾踏進了發明之路。

貝爾和華生每天都在反覆進行實驗，想靠一根電線傳送八種訊號。

華生負責傳送訊號的傳送機，貝爾則守在接收機旁，待在兩個不同的房間，從早到晚不斷進行實驗。但是實驗一直很不順利。

有一天，華生很生氣的扳動震動板，那是傳送機裡的一個鐵製零件。

「電流一直流動，就無法送出訊號了啊。可惡！」華生企圖動手拆下震動板……。

這時，貝爾從隔壁房間衝過來。

「你剛剛做了什麼！接收機傳出奇怪的聲音了！」

聽了華生的說明，貝爾的眼睛馬上瞪得斗大。

「對了！在電流流通時，用手指扳動震動板，震動會改變電流的強弱傳遞出去。也就是說，如果把人說話聲音的震動變成電流，那麼一定可以傳送聲音！」

貝爾決定將目標從改良電信轉為發明電話，他跟華生又一起進行了九個月的實驗，終於成功發明了電話機。

當時是一八七六年三月十日。

一年後，貝爾和桑德斯、赫巴德，以及華生合力創設了

電話公司。貝爾電話公司（現在的AT&T）裝設電話線路的地區愈來愈多，因為有了電話，即使在很遠的地方，也能夠很方便的交談。

貝爾因此變成了有錢人，但是他並沒有忘記聾啞教育。他將電話事業所

累積的財富，都灌注在助聽器的開發和對聽障人士的教育上。

一九二二年八月二日，七十五歲的貝爾離開了人世。這一天，貝爾電話公司所有的電話線暫停使用一分鐘。

沒有人能用電話交談的這一分鐘，每個人都深深的感謝貝爾這位偉大的電話發明家，也為他的逝世感到悲傷。

完

一給家長的話一

讓科學小芽成長茁壯的「觀察力」

■日本千葉縣綜合教育中心課程開發部長
大山光晴

四年級的孩子不管在家庭或者在學校裡，都已經算是個小大人了，不管是想法或者行動，都顯得更為積極。因為從三年級起就開始學習理科的各種領域，充滿好奇心的四年級生會從各處發現疑問的種子。只要我們適時給予光、水和養分，孩子們的未來就會更加燦爛有希望。別讓疑問的種子僅止於發芽階段，希望這些種子都能長出強健的莖幹，最後開出美麗的花朵。

因此，在這個時期我們特別想教會孩子「體驗觀察」的重要。即使長大之後，這種學習的態度依然會永遠保留在心中。

這本《驚奇世界！科學故事集4》，不僅可以讓喜歡理科的孩子讀得津津有味，也能讓只喜歡運動和音樂的孩子，開始注意自己的身體和宇宙，延伸擴展自己的興趣。

在「科學小傳記」中介紹法布爾和貝爾。希望孩子能夠從兩人身上，學習觀察的毅力和細心的重要。

目前社會上存在的許多課題，未來都會被閱讀這本書的孩子們一一解決。我深信，孩子在幼年解開小謎題的樂趣，在長大成人之後將會延續，成為對日常工作的滿足感和生活的喜悅，這將讓所有孩子都能度過一個充滿意義的人生。

監修者簡介

大山光晴（Ohyama Mitsuharu），東京工業大學碩士。目前擔任千葉縣綜合教育中心課程開發部部長，負責理科教育課程的開發及科學技術教育的指導。經常參與科學實驗教室及電視媒體的實驗節目。日本科學教育學會會員、日本物理教育學會會員。曾任高中物理老師、千葉縣立現代產業科學館高級研究員等。

企劃緣起

成長與學習必備的元氣晨讀

■親子天下執行長
何琦瑜

源於日本的晨讀活動

二十年前，大塚笑子是個日本普通高職的體育老師。在她擔任導師時，看到一群在學習中遇到挫折、失去學習動機的高職生，每天在學校散漫度日，快畢業時，才發現自己沒有一技之長。出外求職填履歷表，「興趣」和「專長」欄只能一片空白。許多焦慮的高三畢業生回頭向老師求助，大塚笑子鼓勵他們，可以填寫「閱讀」和「運動」兩項興趣。因為有運動習慣的人，讓人覺得開朗、健康、有毅力；有閱讀習慣的人，就代表有終身學習的能力。

但學生們根本沒有什麼值得記憶的美好閱讀經驗，深怕面試的老闆細問：那你喜歡讀什麼書啊？大塚老師於是決定，在高職班上推動晨讀。概念和做法都很簡單：每天早上十分鐘，持續一週不間斷，讓學生讀自己喜歡的書。

沒想到不間斷的晨讀發揮了神奇的效果：散漫喧鬧的學生安靜了下來，他們上課比以前更容易專心，考試的成績也大幅提升了。這樣的晨讀運動透過大塚老師的熱情，一傳十、十傳百，最後全日本有兩萬五千所學校全面推行。正式統計發現，近十年來日本中小學生平均閱讀的課外書本數逐年增加，各方一致歸功於大塚老師和「晨讀十分鐘」運動。

台灣吹起晨讀風

二〇〇七年，天下雜誌出版了《晨讀十分鐘》一書，書中分享了韓國推動晨讀運動的高果效，以及七十八種晨讀推動策略。同一時間，天下雜誌國際閱讀論壇也邀請了大塚老師來台灣演講、分享經驗，獲得極大的迴響。

受到晨讀運動感染的我，一廂情願的想到兒子的小學帶晨讀。選擇素材的過程中，卻發現適合十分鐘閱讀的文本並不好找。面對年紀愈大的少年讀者，好文本的找尋愈加困難。對於剛開始進入晨讀，沒有長篇閱讀習慣的學生，的確需要一些短篇的散文或故事，讓少年讀者每一天閱讀都有盡興的成就感。而且這些短篇文字絕不能像教科書般無聊，也不能總是停留在淺薄的報紙新聞，才能讓這些新手讀者像上癮般養成習慣。

我的晨讀媽媽計畫並沒有成功，但這樣的經驗激發出【晨讀十分鐘】系列的企劃。我們希望用晨讀打破中學早晨窒悶的考試氛圍，讓小學生養成每日定時定量的閱讀，不僅是要讓學習力加分，更重要的是讓心靈茁壯、成長。在學校，晨讀就像在吃「學習的早餐」，為一天的學習熱身醒腦；在家裡，不一定是早晨，任何時段，每天不間斷、固定的家庭閱讀時間，也會為全家累積生命中最豐美的回憶。

第一個專為晨讀活動設計的系列

【晨讀十分鐘】系列，希望透過知名的作家、選編人，為少年兒童讀者編選類型多元、有益有趣的好文章。二〇一〇年，我們邀請了學養豐富的「作家老師」張曼娟、廖玉蕙、王文華，推出三個類型的選文主題：成長故事、幽默故事、人物故事集。

我們的想像是，如果學生每天早上都能閱讀某個人的生命故事，或真實或虛構，或成功或低潮，一年之後，他們能得到的養分與智慧，應該遠遠超過寫測驗卷的收穫吧！【晨讀十分鐘】系列，帶著這樣的心願，持續擴張適讀年段和題材的多元性，陸續出版，包括：給小學生晨讀的《科學故事集》、《宇宙故事集》、《動物故事集》、《實驗故事集》、童詩《樹先生跑哪去了》、散文《奇妙的飛行》，給中學生晨讀的《啟蒙人生故事集》和《論情說理說明文選》等。

推動晨讀的願景

在日本掀起晨讀奇蹟的大塚老師，在台灣演講時分享：「對我來說，不管學生在哪個人生階段……，我都希望他們可以透過閱讀，讓心靈得到成長，不管遇到什麼情況，都能勇往直前，這就是我的晨讀運動，我的最終理想。」

這也是【晨讀十分鐘】這個系列叢書出版的最終心願。

—專家推薦—

晨讀十分鐘，改變孩子的一生

■國立中央大學認知神經科學研究所創所所長
洪蘭

古人從經驗中得知「一日之計在於晨」，今人從實驗中得到同樣的結論，人在睡眠的第四個階段會分泌跟學習有關的神經傳導物質，如血清素（serotonin）和正腎上腺素（norepinephrine），當我們一覺睡到自然醒時，這些重要的神經傳導物質已經補充足了，學習的效果就會比較好。也就是說，早晨起來讀書是最有效的。

那麼為什麼只推「十分鐘」呢？因為閱讀是個習慣，不是本能，一個正常的孩子放在正常的環境裡，沒人教他說話，他會說話；一個正常的孩子放在正常的環境，沒人教他識字，他是文盲。對一個還沒有閱讀習慣的人來說，不能一次讀很多，會產生反效果。十分鐘很短，對小學生來說，是一個可以忍受的長度。所以趁孩子剛起床精神好時，讓他讀些有益身心的好書，開啟一天的學習。好的開始是成功的一半，從愉悅的晨間閱讀開始一天的學習之旅，到了晚上在床上親子閱讀，終止這個歷程，如此持之以恆，一定能引領孩子進入閱讀之門。

新加坡前總理李光耀先生看到閱讀的重要性，所以新加坡推〇歲閱讀，孩子一生下來，政府就送兩本布做的書，從小養成他愛讀的習慣。凡是習慣都必須被「養成」，需要持久的重複，晨讀雖然才短短十分鐘，卻可以透過重複做，養成孩子閱讀的習慣。這個習慣一旦養成後，一生受用不盡，因為閱讀是個工具，打開人類知識的門，當孩子從書中尋得他的典範之後，父母就不必擔心了，典範讓人自動去模仿，就像拿到世界麵包冠軍的吳寶春說：「我以世界冠軍為目標，所以現在做事就以世界冠軍為標準。冠軍現在應該在看書，不是看電視；冠軍現在應該在練習，不是睡覺……」當孩子這樣立志時，他的人生已經走上了康莊大道，會成為一個有用的人。

晨讀十分鐘可以改變孩子的一生，讓我們一起來努力推廣。

晨讀10分鐘系列 007

[小學生・中年級] 晨讀10分鐘
驚奇世界！
科學故事集 4

編者｜科學故事集編輯委員會
監修｜大山光晴（總監修）、吉田義幸（身體）、
今泉忠明（動物）、高橋秀男（植物）、
岡島秀治（昆蟲）
作者｜粟田佳織、入澤宣幸、上浪春海、甲斐望、
小崎雄、鶴川琢司、丹野由夏、中川悠紀子
取材協力｜富田京一
繪者｜吉村亞希子（封面）、生武真、入澤宣幸、
大石容子、川上潤、小島賢、汐崎亮子、
鳥飼規世、Verve岩下
中文內容審訂｜廖進德
譯者｜張東君

責任編輯｜張文婷
特約編輯｜游嘉惠
美術設計｜林家蓁

天下雜誌群創辦人｜殷允芃
董事長兼執行長｜何琦瑜
兒童產品事業群
副總經理｜林彥傑
總編輯｜林欣靜
主編｜李幼婷
版權主任｜何晨瑋、黃微真

出版者｜親子天下股份有限公司
地址｜台北市104建國北路一段96號4樓
電話｜（02）2509-2800　傳真｜（02）2509-2462
網址｜www.parenting.com.tw
讀者服務專線｜（02）2662-0332
週一～週五：09:00~17:30
讀者服務傳真｜（02）2662-6048
客服信箱｜bill@cw.com.tw
法律顧問｜台英國際商務法律事務所・羅明通律師
製版印刷｜中原造像股份有限公司
總經銷｜大和圖書有限公司 電話：（02）8990-2588

出版日期｜2010年9月第一版第一次印行
2022年7月第一版第三十一次印行
定　價｜250元
書　號｜BKKCI007P
ISBN｜978-986-241-189-6（平裝）

國家圖書館出版品預行編目資料

小學生.中年級晨讀10分鐘：驚奇世界！科學故事集4／小崎雄等作；詹慕如翻譯. -- 第一版. – 臺北市：天下雜誌, 2010.09
208面；14.8 x 21公分. --（晨讀10分鐘系列；7）
ISBN 978-986-241-189-6（平裝）

1.科學　2.通俗作品

307.9　　99015783

訂購服務
親子天下Shopping｜shopping.parenting.com.tw
海外・大量訂購｜parenting@cw.com.tw
書香花園｜台北市建國北路二段6巷11號
電話（02）2506-1635
劃撥帳號｜50331356 親子天下股份有限公司